相对论的
意义

[美]阿尔伯特·爱因斯坦　著

郝建纲　刘道军　译　李新洲　审校

上海科技教育出版社

大多数为一般读者编写的科学书籍都比较注重给读者留下深刻印象，而较少注重清楚地解释基本的目标和方法。一些聪慧而非专业的读者见到这类书时，顿生沮丧之感而自馁："这超过了我的智力，我没法理解。"更有甚者，这些描述往往是耸人听闻的，这就使明智的读者愈加反感。简言之，责任不在读者，而在作者和出版者。我的忠告是：大凡这类书，只有在确定了其内容能够被聪慧而苛刻的一般读者理解和赏识之后，才宜出版。

　　　　　　　　　　　　　　——阿尔伯特·爱因斯坦

内 容 提 要

《相对论的意义》是现代物理学巨擘、相对论创立者爱因斯坦论述相对论的唯一著作。作者以其特有的论述才能,精辟介绍了狭义相对论和广义相对论的基本内容,对相对论的成就及其发展中存在的关键问题进行了深入探讨。中译本忠实于原文,使用现行规范的名词,对于所有对相对论以及物理学思想史有兴趣的读者,本书均有极大的启发价值,也是十分值得收藏的历史文献。

作 者 简 介

　　阿尔伯特·爱因斯坦(Albert Einstein),伟大的物理学家、思想家和哲学家。他往往被认作"相对论之父",其实他又是量子理论的主要奠基人和开创者之一。爱因斯坦创建了光量子论及质能相当公式,在阐明布朗运动、发展量子统计法方面都有成就。他创立了狭义相对论(1905年),并在此基础上推广为广义相对论(1916年),之后致力于相对论"统一场论"的建立,尝试将电磁场理论与引力场理论统一起来。1921年,他因理论物理学方面的贡献,特别是发现光电效应定律,获诺贝尔物理学奖。爱因斯坦堪称现代物理学的首席代表,其思想和成就是现代科技、现代文明的极其灿烂的标志。

目 录

原出版者说明

　　1921年,爱因斯坦在关于广义相对论的详尽论文发表5年之后及他永久离开欧洲加入高等研究院(Institute for Advanced Study)12年之前,访问了普林斯顿大学,在那里做了当年的斯塔福德·利特尔讲演(Stafford Little Lectures)。这四次讲演,构成了对他那时尚有争议的相对论的概述。普林斯顿大学出版社以《相对论的意义》为题汇集了这些讲演,这是第一本由一家美国出版社出版的爱因斯坦著作。在该出版社出版的后续版本中,爱因斯坦添加了详述该理论的新材料。附录"非对称场的相对论性理论"的修订版本,是爱因斯坦最后一篇科学论文,添加于他逝世后的1956年版本中。

版 本 说 明

本书第一版于1922年由梅休因公司(Methuen and Company)在英国、并由普林斯顿大学出版社(Princeton University Press)在美国出版,包括爱因斯坦先生1921年5月在普林斯顿大学所做的斯塔福德・利特尔讲演的原文。在第二版中,爱因斯坦先生添加了一个附录,讨论自1921年以来相对论的一些进展。在第三版中,爱因斯坦又添加一个附录(附录二)论述其"引力理论的推广"。在第五版中,这一个附录已被完全修订了。

第五版说明

　　在现在这个版本里,我全面修订了原来的附录"引力理论的推广",并将标题更新为"非对称场的相对论性理论"。因为我已成功地简化了场方程的推导及形式,其中部分工作是与我的助手考夫曼(B. Kaufman)合作完成的。这样整个理论在不改变其内容的情况下就变得更为明晰了。

爱因斯坦
1954年12月

相对论前物理学中的空间与时间

相对论（theory of relativity）和空间与时间的理论（theory of space and time）是紧密相连的。因此，我将首先对我们的空间与时间观念起源进行一番简要的探讨。尽管我知道在这样做时，会引入一个引起争议的话题。一切科学，不论是自然科学抑或心理学，其目的都在于使我们的经验互相协调并将它们纳入一个逻辑体系。然而，我们习以为常的空间与时间观念又是如何与我们经验的特征相联系的呢？

个体的经验是以事件序列的形式呈现在我们面前的。在这个序列里我们记忆中的各个事件看来是依照"早"和"迟"的标准排列的，而对于这个标准则不能再做进一步的分析了。因此，对于个体来说，就存在着一个"我"的时间（I-time），或曰"主观时间"（subjective time），这个时间本身是不可测度的。我们确实可以把每个事件与一个数字联系起来，依照这样一种方式，即较迟的事件与较早的事件相比对应于较大的数，然而这种联系的本质却可以是十分随意的。将一个时钟所指出的事件顺序和既定事件序列的顺序相比较，我就能用这个时钟来定义这种联系。我们将时钟理解成提供了一连串可以计数的事件的东西，它还有其他一些性质，我们将在以后再讨论。

借助于语言，不同的个体能在一定的程度上比较各自的经验。通过比较，人们就会发现不同个体的某些感觉（sense perceptions）是彼此一致的，而对于另一些感觉，却无法建立起这样的一致性。我们习惯于把对不同个体而言是共同的因而多少是非个体特有的感觉当作真实的感觉。自然科学，尤其是其中最基本的物理学，就是研究这样的感觉。物理客体的概念，特别是刚体的概念，便是这样一类感觉的一种相对恒定的复合。在同样的意义上，一座时钟也是一个物体，或者说是一个体系，它有一个附加的性质：它所计数的一连串事件是由全可视为相等的元素构成的。

我们的概念与概念体系之所以能得到承认，其唯一理由在于它们代表的是我们经验的复合。除此之外，它们并无其他的理性依据。我坚信，哲学家曾对科学思想的进步起过有害的影响，他们把某些基本概念从经验论（empiricism）的领域里（在那儿它们是受人们驾驭的）取出来，提升到先验论（the a priori）的难以捉摸的高处。因为即使观念世界看起来并不能借助逻辑的方法从我们的经验中演绎出来，但就一定的意义而言，它仍是人类心智（human mind）的产物，没有人类的心智便无科学可言。不过，这个观念世界很难独立于我们经验的性质之外，正如衣服依赖于人体的形状一样。这对于我们的时间与空间概念尤为正确。迫于事实，物理学家只好使时间与空间概念从先验论的奥林帕斯山降落到人间的土地上来，以整理这些概念并使之适用于实际情况。

现在，我们来讨论对于空间的概念和判断。在这里，密切注意经验和我们的概念之间的关系仍然是非常重要的。在我看来，庞加莱（Poincaré）在其著作《科学与假设》（La Science et l'Hypothese）的叙述中，已经清楚地认识了这一道理。在我们所能感觉到的所有刚体变化中间，那些可以被我们身体的主动运动抵消的变化是以简单性

（simplicity）为其标志的；庞加莱称之为位置变化。通过简单的位置变化，能使两个物体相接触。在几何学中有基本意义的全等定理，就与支配这类位置变化的定律有关。下面的讨论对于空间概念来说是很重要的。将物体 $B, C, \cdots$ 附加到物体 A 上去可以形成新的物体，我们说我们**延伸**了物体 A。我们可以这样延伸物体 A，使其与任意其他物体 X 相接触。物体 A 的所有延伸的集合，我们可以定义为"物体 A 的空间"。于是，一切物体都在"（随意选定的）物体 A 的空间"里的说法是正确的。在这种意义下，我们不能抽象地谈论空间，而只能谈论"属于物体 A 的空间"。在日常生活中，当我们要判定物体的相对位置时，地壳扮演了一个如此重要的角色，它导致了一个抽象的空间概念，而这当然是无法论证的。为了使我们自己免于这项致命的错误，我们将只提到"参考物体"或"参考空间"（space of reference）。我们将会看到，只是由于广义相对论才使得这些概念的精确化成为必要。

我不打算详细地讨论参考空间的某些性质，正是这些性质导致我们认为点是空间的基本元素，并将空间设想为一个连续统（continuum）。我也不打算进一步分析一些表明连续点列或线的概念为合理的空间性质。如果假定了这些概念以及它们和大量的坚实经验之间的关系，就很容易说出我们所指的空间三维性（three-dimensionality）是什么：每一个点都可以用这样一种方式与 3 个数 x_1, x_2, x_3（坐标）相联系，即这种相互联系是唯一的，而且当这个点描绘一个连续的点列（一条线）时，它们就作连续变化。

在相对论前物理学（pre-relativity physics）里，假设理想刚体位形的定律是符合于欧几里得几何学（Euclidean geometry）的。它的意义可以表述如下：标记在刚体上的两点构成一个**间隔**。可以采取多种方式使得这个间隔与我们的参考系相对静止。如果现在能用坐标

x_1, x_2, x_3 表示这个空间里的点，使得该间隔两端的坐标差 Δx_1, Δx_2, Δx_3, 对于该间隔所取的每个方向都有相同的平方和：

$$s^2 = \Delta x_1^2 + \Delta x_2^2 + \Delta x_3^2 , \qquad (1)$$

则称这样的参考空间为欧几里得空间，这样的坐标为笛卡儿坐标*。对于一个无穷小间隔，我们事实上取这个假设的极限情况就可以了。还有一些不那么特殊的假设包含在这个假设里，鉴于这些假设具有根本的意义，我们也必须给予重视。首先，假设了我们可以任意移动理想刚体。其次，假设了理想刚体对于取向所表现的行为与物体的材料及其位置的改变无关，换言之，只要能使两个间隔重合一次，则随时随地都能使它们重合。上述两个假设对于几何学（特别是物理测量）都至关重要，它们都是自然而然地由经验得来的；在广义相对论里，必须假定这两个假设只有对于那些与天文尺度相比无限小的物体与参考空间才是有效的。

我们将量 s 称为间隔的长度。为了能唯一确定这个量，需要任意确定一个具体的间隔长度；例如，令它等于1（单位长度），那么所有其他间隔长度就可以确定了。如果我们使 x_ν 线性地依赖于参量 λ，即

$$x_\nu = a_\nu + \lambda b_\nu,$$

那么我们就得到了一条线，该线具有欧几里得几何中直线应具有的一切性质。特别地，这明显意味着把间隔 s 沿着一条直线放置 n 次，就能获得长度为 $n \cdot s$ 的间隔。所以，长度所指的就是用单位量杆沿直线测量的结果。下面将会看到，和直线一样，长度与坐标系无关。

---

* 这个关系必须对于任意选择的原点和间隔方向（比值 $\Delta x_1 : \Delta x_2 : \Delta x_3$）都能成立。

现在,我们已有了这样一条思路,它在狭义相对论与广义相对论中是处于相类似的地位的。我们会问:除了已经使用过的笛卡儿坐标外,还有与之等价的其他坐标吗?间隔具有与坐标选择无关的物理意义;由此,在参考空间中的任一点取相等的间隔,所有的间隔端点的轨迹为一球面,可知这个球面也同样具备与坐标选择无关的物理意义。如果 x_ν 和 x'_ν(ν 从 1 到 3)都是参考空间的笛卡儿坐标,则球面在两个坐标系中将表示为如下方程

$$\sum \Delta x_\nu^2 = 常数。 \tag{2}$$

$$\sum \Delta x'^2_\nu = 常数。 \tag{2a}$$

必须怎样用 x_ν 表示 x'_ν 才能使(2)式和(2a)式彼此等价呢?如果认为 x'_ν 可以表示成 x_ν 的函数,那么根据泰勒定理(Taylor's theorem),对于很小的 Δx_ν,可以写出

$$\Delta x'_\nu = \sum_\alpha \frac{\partial x'_\nu}{\partial x_\alpha} \Delta x_\alpha$$

$$+ \frac{1}{2} \sum_{\alpha\beta} \frac{\partial^2 x'_\nu}{\partial x_\alpha \partial x_\beta} \Delta x_\alpha \Delta x_\beta \cdots$$

如果将(2a)式代入上式并与(1)式相比较,便会看出 x'_ν 必须是 x_ν 的线性函数。因此,如果令

$$x'_\nu = a_\nu + \sum_\alpha b_{\nu\alpha} x_\alpha \tag{3}$$

或

$$\Delta x'_{\nu} = \sum_{\alpha} b_{\nu\alpha} \Delta x_{\alpha} ,$$ (3a)

那么(2)式和(2a)式的等效性就可以表述成

$$\sum \Delta x'^{2}_{\nu} = \lambda \sum \Delta x^{2}_{\nu} \ (\lambda 与 \Delta x_{\nu} 无关)。$$ (2b)

所以λ必须是一个常数。如果取λ=1,则由(2b)、(3a)两式可导出条件

$$\sum_{\nu} b_{\nu\alpha} b_{\nu\beta} = \delta_{\alpha\beta} ,$$ (4)

其中按照α=β或α≠β,有δ_{αβ}=1或δ_{αβ}=0。条件(4)称为正交条件,而变换(3)和(4)称为线性正交变换。如果要求$s^2 = \sum \Delta x^2_{\nu}$在所有坐标系里都等于长度的平方,并且总以同一单位标尺去量度,则λ必须等于1。所以,线性正交变换是我们能用来从参考空间中的一个笛卡儿坐标系变换到另一个的唯一变换方式。我们看到,在运用这种变换时,直线方程仍化为直线方程。将(3a)式两边同时乘以$b_{\nu\beta}$并对所有的ν求和,便可以反过来导出

$$\sum b_{\nu\beta} \Delta x'_{\nu} = \sum_{\nu\alpha} b_{\nu\alpha} b_{\nu\beta} \Delta x_{\alpha}$$
$$= \sum_{\alpha} \delta_{\alpha\beta} \Delta x_{\alpha} = \Delta x_{\beta} 。$$ (5)

系数b同样也决定了Δx_ν的逆代换。在几何上，$b_{\nu\alpha}$是x'_ν轴与x_ν轴间夹角的余弦。

综上所述，我们可以认为在欧几里得几何学中（对于一个给定的参考空间）存在一种优先坐标系（preferred systems of co-ordinates），即笛卡儿坐标系，它们之间可以通过线性正交变换来彼此变换。参考空间中两点间用量杆测得的距离s，在这种坐标系中就可以用特别简单的形式来表达。整个几何学都可以建立在这个距离概念的基础之上。在当前的论述中，几何学是与实物（刚体）相联系的，它的定理就是对这些实物的行为所作的陈述，而这些陈述又可以被证实或证伪。

通常人们习惯于离开那些概念与经验之间的任何联系来研究几何学。把那些纯逻辑的并且与在原则上不完备的经验论无关的东西分离出来，是有益的。这样能使纯数学家满意。如果能从公理中正确地（即无逻辑错误地）推导出定理来，他就心满意足了。至于欧几里得几何学究竟是否真确之类的问题，他并不关心。但是，对于我们的目的来说，必须将几何学的基本概念与自然对象联系起来；没有这样的联系，几何学对于物理学家毫无用处可言。物理学家所关心的是几何学定理究竟是否真确之类的问题。从这个观点上讲，欧几里得几何学肯定了某些东西，这些东西不仅仅是根据定义并通过逻辑推导而得出的结论。我们将会在下面的简单考察中看到这一点。

在空间中的n个点之间，有$\dfrac{n(n-1)}{2}$个距离$s_{\mu\nu}$，它们与$3n$个坐标之间有下述关系：

$$s_{\mu\nu}{}^2 = (x_{1(\mu)} - x_{1(\nu)})^2 + (x_{2(\mu)} - x_{2(\nu)})^2 + \cdots 。$$

可以从这$\dfrac{n(n-1)}{2}$个方程里消去$3n$个坐标，由这样的消去法,至少会得到 $\frac{n(n-1)}{2}-3n$ 个有关 $s_{\mu\nu}$ 的方程*。因为 $s_{\mu\nu}$ 是可测量的量,而根据定义,它们之间是彼此无关的,所以 $s_{\mu\nu}$ 之间的上述关系并不必是先验的。

从前面的讨论中,容易看出变换(3)式、(4)式决定了从一个笛卡儿坐标系到另一个的变换关系,因此它们在欧几里得几何学里具有根本的意义。在笛卡儿坐标系中,两点间的可测量距离 s 是用方程

$$s^2 = \sum \Delta x_\nu^2$$

表示的,这个性质表示着笛卡儿坐标系的特征。

如果 $K(x_\nu)$ 和 $K'(x_\nu)$ 是两个笛卡儿坐标系,则有

$$\sum \Delta x_\nu^2 = \sum \Delta x'_\nu{}^2 。$$

考虑到线性正交变换方程,上式中的左边恒等于右边,而右边和左边的区别只在于 x_ν 换成了 x'_ν。这可表述为 $\sum \Delta x_\nu^2$ 在线性正交变换下是不变量。在欧几里得几何学中,显然所有这样的量,而且也只有这样的量才具有客观意义。因为这样的量与笛卡儿坐标系的选择无关,并且能够用线性正交变换下的不变量来表示。这就是不变量理论(theory of invariants)——它涉及那些支配着不变量形式的定律——对于解析几何学十分重要的理由。

作为几何不变量的第二个例子,考察体积。它可以表述成

---

* 事实上有 $\frac{n(n-1)}{2}-3n+6$ 个方程。

$$V = \iiint \mathrm{d}x_1 \mathrm{d}x_2 \mathrm{d}x_3 \, 。$$

依照雅可比定理(Jacobi's theorem),可以写出

$$\iiint \mathrm{d}x'_1 \mathrm{d}x'_2 \mathrm{d}x'_3$$
$$= \iiint \frac{\partial\,(\,x'_1,\ \ x'_2,\ \ x'_3\,)}{\partial\,(\,x_1,\ \ x_2,\ \ x_3\,)} \mathrm{d}x_1 \mathrm{d}x_2 \mathrm{d}x_3 \, ,$$

其中最后那个积分中的被积函数是 x'_ν 对 x_ν 的函数行列式,而由(3)式,这就等于代换系数 $b_{\nu\alpha}$ 的行列式 $|b_{\mu\nu}|$。如果由(4)式组成 $\delta_{\mu\alpha}$ 的行列式,则根据行列式的乘法定理,有

$$1 = \left| \delta_{\alpha\beta} \right| = \left| \sum_\nu b_{\nu\alpha} b_{\nu\beta} \right| = \left| b_{\mu\nu} \right|^2 \, ;$$
$$\left| b_{\mu\nu} \right| = \pm 1 \, 。 \tag{6}$$

如果我们只限于具有行列式+1的变换*(只有这类变换是由坐标系的连续变换而来的),则 V 是不变量。

然而,不变量并不是可以用来表示与具体笛卡儿坐标系选择无关的唯一形式。矢量(vectors)和张量(tensors)就是其他的表示形式。现在我们来描述这样的情况,具有当前坐标 x_ν 的点位于一条直线上。于是有

---

* 因此存在两种笛卡儿坐标系,称为"左手"系和"右手"系。所有的物理学家和工程师都熟悉两者之间的差别。有趣的是,不能在几何学上规定这两种坐标系,而只能做两者之间的对比。

$$x_\nu - A_\nu = \lambda B_\nu (\nu \text{从 1 到 3})。$$

为不失普遍性计,可令

$$\sum B_\nu^2 = 1。$$

如果将上述方程两边同乘以 $b_{\beta\nu}$ [比较(3a)式与(5)式]并对所有的 ν 求和,我们得到

$$x'_\beta - A'_\beta = \lambda B'_\beta,$$

其中我们已令

$$B'_\beta = \sum_\nu b_{\beta\nu} B_\nu \; ; \; A'_\beta = \sum_\nu b_{\beta\nu} A_\nu。$$

这些就是在第二个笛卡儿坐标系 K' 中的直线方程。它们和原笛卡儿坐标系中的直线方程有相同的形式。因此,直线显然有一种与坐标系无关的性质。就形式而论,这依赖于下述事实: $(x_\nu - A_\nu) - \lambda B_\nu$ 这些量像间隔的分量 Δx_ν 那样变换。对所有笛卡儿坐标系定义,并像间隔分量那样变换的 3 个量的集合,称为矢量。由于变换方程是齐次的,如果矢量的 3 个分量在某个笛卡儿坐标系中为零,那么它在所有的坐标系中的分量都将为零。于是我们在不借助几何表示法的情况下就获得了矢量概念的意义。直线方程的这种行为可以这样表示:直线方程对于线性正交变换是协变的(co-variant)。

现在,我们要简短地证明存在一些导致张量概念的几何客体。

设 P_0 为二次曲面的中心，P 为曲面上的任一点，ξ_ν 为间隔 P_0P 在坐标轴上的投影。于是曲面方程为

$$\sum a_{\mu\nu}\xi_\mu\xi_\nu = 1 \text{。}$$

在这里以及类似的情形下，我们将略去求和号，并且约定求和是对出现两次的指标进行的。于是我们将曲面方程写成

$$a_{\mu\nu}\xi_\mu\xi_\nu = 1 \text{。}$$

对于所选择的笛卡儿坐标系，当中心位置给定时，量 $a_{\mu\nu}$ 就可以完全确定曲面。由已知的 ξ_ν 在线性正交变换下的变换律(3a)式，我们容易导出 $a_{\mu\nu}$ 的变换律*

$$a'_{\sigma\tau} = b_{\sigma\mu}b_{\tau\nu}a_{\mu\nu} \text{。}$$

这个变换对于 $a_{\mu\nu}$ 是齐次的，而且是一次的。由于有这样的变换性质，这些 $a_{\mu\nu}$ 被称为2秩张量的分量(因为具有两个指标，所以称为2秩的)。如果张量的所有分量 $a_{\mu\nu}$ 在任一笛卡儿坐标系中为零，则其在所有其他笛卡儿坐标系中也都为零。二次曲面的形状和位置是以(a)这个张量来描述的。

高秩(具有更多个指标)张量也可以在解析上定义。我们可以将矢量看作是1秩张量，不变量(标量)当成是0秩张量，这样做是有好处的。就此而论，不变量理论的问题可以这样提出：遵照怎样的规律

---

* 利用(5)式，方程 $a'_{\sigma\tau}\xi'_\sigma\xi'_\tau = 1$ 可以改写成 $a'_{\sigma\tau}b_{\sigma\mu}b_{\tau\nu}\xi_\mu\xi_\nu = 1$，这样就直接有上述结果。

可从给定的张量组成新张量?为了以后能够应用,我们现在就来考虑这些规律。我们首先只处理在同一个参考空间里,当一个笛卡儿坐标系通过线性正交变换变换到另一个笛卡儿坐标系时张量的性质。这些定律完全与维数无关,因此我们先不确定维数n。

定义 在n维参考空间的每个笛卡儿坐标系中,某个量是由n^{α}个数$A_{\mu\nu\rho\dots}$(α = 指标的个数)规定的,如果变换律为

$$A'_{\mu'\nu'\rho'\dots} = b_{\mu'\mu}b_{\nu'\nu}b_{\rho'\rho}\dots A_{\mu\nu\rho\dots} \tag{7}$$

则这些数就是α秩张量的分量。

附注 只要$(B),(C),(D)\dots$是矢量,则由这个定义可知

$$A_{\mu\nu\rho\dots}B_{\mu}C_{\nu}D_{\rho}\dots \tag{8}$$

是不变量。反之,如果已知对于任选的矢量(B)、(C)等,(8)式总能导致不变量,则可推断(A)的张量属性。

加法和减法 将同秩张量的对应分量相加或相减,便得到等秩张量:

$$A_{\mu\nu\rho\dots} \pm B_{\mu\nu\rho\dots} = C_{\mu\nu\rho\dots} \tag{9}$$

这可由上述张量的定义直接证明。

乘法 由一个α秩张量和一个β秩张量,将第一个张量的所有分量乘以第二个张量的所有分量,就能得到一个$(\alpha+\beta)$秩的张量:

$$T_{\mu\nu\rho\dots\alpha\beta\gamma\dots} = A_{\mu\nu\rho\dots}B_{\alpha\beta\gamma\dots} \tag{10}$$

缩并 通过令α秩张量的两个指标相等,然后对这个指标求和,就可以得到$(\alpha-2)$秩张量:

$$T_{\rho\cdots} = A_{\mu\mu\rho\cdots}\left(= \sum_{\mu} A_{\mu\mu\rho\cdots}\right)。\tag{11}$$

其证明如下:

$$\begin{aligned}
A'_{\mu\mu\rho\cdots} &= b_{\mu\alpha}b_{\mu\beta}b_{\rho\gamma}\cdots A_{\alpha\beta\gamma\cdots}\\
&= \delta_{\alpha\beta}b_{\rho\gamma}\cdots A_{\alpha\beta\gamma\cdots}\\
&= b_{\rho\gamma}\cdots A_{\alpha\alpha\gamma\cdots}
\end{aligned}$$

除了这些初等的运算规则以外,还有用微分来构成张量的方法("扩充"):

$$T_{\mu\nu\rho\cdots\alpha} = \frac{\partial A_{\mu\nu\rho\cdots}}{\partial x_{\alpha}}\tag{12}$$

利用这些运算规则,可以由已知张量得到线性正交变换下的新张量。

张量的对称性质 如果张量的分量在互换指标μ和ν后,彼此相等或相等而反号,则称该张量关于指标μ和ν是对称或斜称的(skew-symmetrical)。

对称的条件:$A_{\mu\rho} = A_{\nu\rho}$。

斜称的条件:$A_{\mu\rho} = -A_{\nu\rho}$。

定理 对称性或斜称性的存在与坐标的选择无关,其重要性正寓于此。证明可以由定义张量的方程得到。

特殊张量

Ⅰ.量$\delta_{\rho\sigma}$(4)是张量的分量(基本张量)。

证明 如果在变换式$A'_{\mu\nu} = b_{\mu\alpha}b_{\nu\beta}A_{\alpha\beta}$右边,用$\delta_{\alpha\beta}$(它在$\alpha = \beta$时为1,在$\alpha \neq \beta$时为0)代替$A_{\alpha\beta}$,我们得到

$$A'_{\mu\nu} = b_{\mu\alpha}b_{\nu\alpha} = \delta_{\mu\nu}。$$

如果将(4)式用于逆变换(5)式中,那么上式中最后一个等号的证明是显然的。

Ⅱ.存在一个张量($\delta_{\mu\nu\rho\cdots}$),它对于所有的指标对(pairs of indices)都是斜称的,它的秩等于维数n。当$\mu\nu\rho\cdots$是$123\cdots$的偶置换时,其分量取值+1;当为奇置换时,分量取值为-1。

其证明可以借助前面所证明的定理$|b_{\rho\sigma}| = 1$来进行。

这几个简单的定理,构成从不变量理论建立相对论前物理学和狭义相对论的方程的工具。

我们已经看到,在相对论前物理学中,为了确定空间关系(relations in space),需要参考物体或参考空间。除此以外,还需要笛卡儿坐标系。把笛卡儿坐标系想象成由单位长度的量杆所构成的立方体框架,这两个概念就可以合二为一。在此框架上,所有格点(lattice points)的坐标都是整数。由基本关系式

$$s^2 = \Delta x_1^2 + \Delta x_2^2 + \Delta x_3^2 \qquad (13)$$

可知,这样的一个空间格子的每条边长都为单位长度。为了确定时

间关系（relations in time），我们还需要在（比方说）笛卡儿坐标系或参考框架的原点处再放置一个标准时钟。如果某处发生一个事件，只要在事件发生的同时，我们确定了原点处的时钟所记录下的时间，我们就可以赋予这个事件三个空间坐标x_ν和一个时间坐标t。这样，处于不同位置的事件的同时性（simultaneity）就被（假设地）赋予了客观意义，而先前我们只考虑了个体的两种经验的同时性。这样确定的时间无论如何与我们参考空间中坐标系的位置无关，所以在变换（3）下，它是不变量。

假定表述相对论前物理学定律的方程组如同欧几里得几何中的关系一样，都是在变换（3）下协变的。空间的各向同性（isotropy）和均匀性（homogeneity）就是以这种方式表述的*。现在，我们就以这种观点来考察一些更为重要的物理学方程。

质点的运动方程是

$$m\,\frac{\mathrm{d}^2 x_\nu}{\mathrm{d}t^2} = X_\nu \text{。}$$

(14)

$(\mathrm{d}x_\nu)$是矢量，$\mathrm{d}t$ 因而 $\dfrac{1}{\mathrm{d}t}$ 都是不变量，所以 $\left(\dfrac{\mathrm{d}x_\nu}{\mathrm{d}t}\right)$ 是矢量；按同样的方式，可以证明 $\left(\dfrac{\mathrm{d}^2 x_\nu}{\mathrm{d}t^2}\right)$ 也是矢量。总而言之，对时间微分的运算不

---

　　* 甚至在空间中有某个优先方向时，物理学定律仍然可以按照在变换（3）下协变的这种方式来表述；但是在这种情况下，这种表述方式就不合适了。因为如果有一个优先的空间方向的话，那么根据这个方向，按照一定的方式来选择坐标系的方向，就可以使自然现象的描述得以简化。但是，在另一方面，如果在空间中没有一个唯一的方向，那么在表述自然定律时，如果掩盖了不同取向的坐标系之间的等价性，就不合逻辑了。在狭义和广义相对论中，我们将再次遇到这种观点。

改变张量的属性。因 m 是不变量(0秩张量),故 $\left(m\dfrac{\mathrm{d}^2x_\nu}{\mathrm{d}t^2}\right)$ 是矢量或曰 1秩张量(根据张量的乘法定理)。如果力(X_ν)有矢量特性,则差 $\left(m\dfrac{\mathrm{d}^2x_\nu}{\mathrm{d}t^2}-X_\nu\right)$ 也同样具有。因此,这些运动方程在参考空间的任何其他笛卡儿坐标系中也成立。当力是保守力时,我们可以容易看出 X_ν 的矢量属性。因为存在仅依赖于粒子间的相互距离的势能 Φ,而且它是不变量。所以,力 $X_\nu = -\dfrac{\partial \Phi}{\partial x_\nu}$ 的矢量特性就是我们前面关于0秩张量导数的普遍定理的必然结果。

用速度(1秩张量)乘以上式,我们得到张量方程

$$\left(m\frac{\mathrm{d}^2x_\nu}{\mathrm{d}t^2}-X_\nu\right)\frac{\mathrm{d}x_\mu}{\mathrm{d}t}=0。$$

乘以标量 $\mathrm{d}t$,并且缩并,我们得到动能方程

$$\mathrm{d}\left(\frac{mq^2}{2}\right)=X_\nu\mathrm{d}x_\nu。$$

如果 ξ_ν 代表质点与空间中固定点的坐标之差,那么 ξ_ν 具有矢量特性。显然我们有 $\dfrac{\mathrm{d}^2x_\nu}{\mathrm{d}t^2}=\dfrac{\mathrm{d}^2\xi_\nu}{\mathrm{d}t^2}$,所以质点的运动方程可以写成

$$m\frac{\mathrm{d}^2\xi_\nu}{\mathrm{d}t^2}-X_\nu=0。$$

再用ξ_μ乘上这个方程,我们得到张量方程

$$\left(m\frac{\mathrm{d}^2\xi_\nu}{\mathrm{d}t^2} - X_\nu \right)\xi_\mu = 0。$$

缩并左边的张量,并对时间取平均,我们得到位力定理(virial theorem),这里将不对它进行深入的讨论。交换指标,然后相减,再经过一个简单的变换,我们得到矩定理(theorem of moments)

$$\frac{\mathrm{d}}{\mathrm{d}t}\left[m\left(\xi_\mu\frac{\mathrm{d}\xi_\nu}{\mathrm{d}t} - \xi_\nu\frac{\mathrm{d}\xi_\mu}{\mathrm{d}t} \right) \right] = \xi_\mu X_\nu - \xi_\nu X_\mu。 \tag{15}$$

显然,按照这种方式我们可以看出矢量的矩不是矢量,而是张量。由于它们的斜称性,这个体系里只有3个独立方程,而不是9个。能否用矢量代替三维空间中的2秩斜称张量,取决于能否按下述方式构成矢量:

$$A_\mu = \frac{1}{2} A_{\sigma\tau}\delta_{\sigma\tau\mu}。$$

如果我们用前面引入的特殊斜称张量δ去乘2秩斜称张量,然后再缩并两次,就可以得到矢量,其分量与张量的分量数值上相等。这些就是所谓的轴矢量(axial vectors),它们从右手系变到左手系时的变换性质与Δx_ν不同。把2秩斜称张量看作三维空间中的矢量,可以增加它的形象性,但是这样做不能像把它考虑为张量时那样很好地表示出相应量的一些确切性质。

接下来,我们考虑连续介质的运动方程。设 ρ 是密度,u_ν 是速度分量(它们是坐标和时间的函数),X_ν 是单位质量的体积力(volume force),$p_{\nu\sigma}$ 是在与 σ 轴垂直的平面上沿着 x_ν 增加的方向上的应力。根据牛顿定律(Newton's law),运动面积的方程为:

$$\rho \frac{\mathrm{d}u_\nu}{\mathrm{d}t} = -\frac{\partial p_{\nu\sigma}}{\partial x_\sigma} + \rho X_\nu,$$

其中 $\frac{\mathrm{d}u_\nu}{\mathrm{d}t}$ 为在 t 时刻位于坐标 x_ν 处的粒子的加速度。如果我们用偏微分系数来表示这个加速度,则在除以 ρ 后我们得到

$$\frac{\partial u_\nu}{\partial t} + \frac{\partial u_\nu}{\partial x_\sigma} u_\sigma = -\frac{1}{\rho}\frac{\partial p_{\nu\sigma}}{\partial x_\sigma} + X_\nu。 \qquad (16)$$

我们必须证明,这个方程的有效性与笛卡儿坐标系的具体选择无关。(u_ν) 是矢量,故 $\frac{\partial u_\nu}{\partial t}$ 也是矢量。$\frac{\partial u_\nu}{\partial x_\sigma}$ 是 2 秩张量,故 $\frac{\partial u_\nu}{\partial x_\sigma} u_\tau$ 是 3 秩张量。上式中左边的第二项来自于对指标 σ 和 τ 的缩并。很显然,右边的第二项也具有矢量特性。为了保证右边第一项也是矢量,$p_{\nu\sigma}$ 必须是张量。通过对它进行微分并且缩并,就得到 $\frac{\partial p_{\nu\sigma}}{\partial x_\sigma}$,故它是矢量。用标量的倒数 $\frac{1}{\rho}$ 乘以它之后,它仍然是矢量。$p_{\nu\sigma}$ 是张量,因而按照方程

$$p'_{\mu\nu} = b_{\mu\alpha}b_{\nu\beta}p_{\alpha\beta}$$

进行变换,这在力学中是通过在一个无穷小的四面体上对方程进行积分来证明的。同样,如果把矩定理应用于无穷小的平行六面体,也可以证明 $p_{\nu\sigma} = p_{\sigma\nu}$,从而可知应力张量是对称张量。通过前面的讨论,并利用前面所给出的规则可以证明,上述方程在空间坐标的正交变换(转动变换)下是协变的;同时,为使方程是协变的,方程中各个量所应遵循的变换规则也就明显了。

有了前面的讨论,连续性方程

$$\frac{\partial \rho}{\partial t} + \frac{\partial (\rho u_\nu)}{\partial x_\nu} = 0 \tag{17}$$

的协变性也就无需再特别讨论了。

我们还将检验那些表述应力分量与物质属性之间关系的方程的协变性,并利用协变性条件,对可压缩黏性流体建立起这些方程。如果我们忽略流体的黏性,那么压强 p 将是标量,它只依赖于流体的温度和密度。于是对于应力张量的贡献显然是

$$p\delta_{\mu\nu},$$

其中 $\delta_{\mu\nu}$ 是特殊对称张量。对于黏性流体,也存在这一项。但这时还存在一些依赖于 u_ν 的空间导数的压强项。我们将假定这种依赖关系是线性的。鉴于这些项必须是对称张量,所以唯一可能出现的形式就是

$$\alpha\left(\frac{\partial u_\mu}{\partial x_\nu} + \frac{\partial u_\nu}{\partial x_\mu}\right) + \beta\delta_{\mu\nu}\frac{\partial u_\alpha}{\partial x_\alpha}$$

19

（因为 $\dfrac{\partial u_\alpha}{\partial x_\alpha}$ 是标量）。出于物理学理由（没有滑动），对于所有方向的

对称膨胀，即当

$$\frac{\partial u_1}{\partial x_1} = \frac{\partial u_2}{\partial x_2} = \frac{\partial u_3}{\partial x_3} \ ;$$

$$\frac{\partial u_1}{\partial x_2} , 等等 = 0 时,$$

假定不存在摩擦力，由此可得 $\beta = -\dfrac{2}{3}\alpha$。如果只有 $\dfrac{\partial u_1}{\partial x_3}$ 不为零，令

$p_{31} = -\eta\dfrac{\partial u_1}{\partial x_3}$，这样 α 也就确定了。于是，我们得到了完整的应力张量

$$p_{\mu\nu} = p\delta_{\mu\nu} - \eta\left[\left(\frac{\partial u_\mu}{\partial x_\nu} + \frac{\partial u_\nu}{\partial x_\mu}\right)\right.$$
$$\left. - \frac{2}{3}\left(\frac{\partial u_1}{\partial x_1} + \frac{\partial u_2}{\partial x_2} + \frac{\partial u_3}{\partial x_3}\right)\delta_{\mu\nu}\right] \qquad (18)$$

在这个例子中，我们可以很明显地看到产生于空间的各向同性——所有的方向都等价——的不变量理论的启发性价值。

最后，我们考察作为洛伦兹电子论（electron theory of Lorentz）基础的麦克斯韦方程组（Maxwell's equations）的形式。

$$\frac{\partial h_3}{\partial x_2} - \frac{\partial h_2}{\partial x_3} = \frac{1}{c}\frac{\partial e_1}{\partial t} + \frac{1}{c}i_1$$

$$\frac{\partial h_1}{\partial x_3} - \frac{\partial h_3}{\partial x_1} = \frac{1}{c}\frac{\partial e_2}{\partial t} + \frac{1}{c}i_2 \qquad (19)$$

$$\cdots\cdots$$

$$\frac{\partial e_1}{\partial x_1} + \frac{\partial e_2}{\partial x_2} + \frac{\partial e_3}{\partial x_3} = \rho$$

$$\frac{\partial e_3}{\partial x_2} - \frac{\partial e_2}{\partial x_3} = -\frac{1}{c}\frac{\partial h_1}{\partial t}$$

$$\frac{\partial e_1}{\partial x_3} - \frac{\partial e_3}{\partial x_1} = -\frac{1}{c}\frac{\partial h_2}{\partial t} \qquad (20)$$

$$\cdots\cdots$$

$$\frac{\partial h_1}{\partial x_1} + \frac{\partial h_2}{\partial x_2} + \frac{\partial h_3}{\partial x_3} = 0$$

　　由于电流密度定义为电荷密度乘以电荷的矢量速度,所以 i 是矢量。由前三个方程,很显然 e 也是矢量。因而 h 不能被看作矢量*。不过如果把 h 看作是2秩斜称张量,就很容易诠释上面这些方程了。于是,我们用 h_{23}, h_{31}, h_{12} 分别代替 h_1, h_2, h_3。注意到 $h_{\mu\nu}$ 的斜称性,我们可以把方程组(19)和(20)中前三个方程写成如下的形式:

$$\frac{\partial h_{\mu\nu}}{\partial x_\nu} = \frac{1}{c}\frac{\partial e_\mu}{\partial t} + \frac{1}{c}i_\mu \qquad (19a)$$

---

*这些讨论将使读者熟悉张量运算的过程,避开了在处理四维问题时出现的特殊困难。这样,当我们在狭义相对论[场的闵可夫斯基(Minkowski)诠释]中再讨论麦克斯韦方程组时,就不会遇到太多麻烦了。

$$\frac{\partial e_{\mu}}{\partial x_{\nu}} - \frac{\partial e_{\nu}}{\partial x_{\mu}} = +\frac{1}{c}\frac{\partial h_{\mu\nu}}{\partial t} \qquad (20a)$$

与 e 相比，h 呈现为与角速度具有相同对称性的量，因此散度方程具有如下的形式：

$$\frac{\partial e_{\nu}}{\partial x_{\nu}} = \rho \qquad (19b)$$

$$\frac{\partial h_{\mu\nu}}{\partial x_{\rho}} + \frac{\partial h_{\nu\rho}}{\partial x_{\mu}} + \frac{\partial h_{\rho\mu}}{\partial x_{\nu}} = 0 \qquad (20b)$$

后一个方程是 3 秩斜称张量方程（如果注意到 $h_{\mu\nu}$ 具有斜称性，就很容易证明方程左边对于每一对指标都是斜称的）。这种记法比通常的记法更为自然，因为与通常的记法相比，它既可以用于左手笛卡儿坐标系，又可以用于右手笛卡儿坐标系，而且无需改变符号。

狭义相对论

　　前面关于刚体位形的考察,是建立在空间中的所有方向(或者笛卡儿坐标系的所有位形)在物理上都是等效的这一基础之上的,而不涉及那些有关欧几里得几何有效性的假设。我们也可以把它表述成"关于方向的相对性原理",而且我们已看到如何借助于张量运算来寻求符合这一原理的方程[自然定律(laws of nature)]。现在,我们要问的是,是否存在着对于参考空间的运动状态的相对性;换句话说,是否存在物理上等效并且彼此相对运动的参考空间。从力学的观点来看,等效的参考空间看起来是确实存在的。因为在地球上进行的实验,并不会告诉我们,我们正以每秒大约30千米的速度绕着太阳公转。另一方面,这种物理等效性(physical equivalence)看来并非对任意运动的参考空间都成立;因为颠簸的列车上的力学效应与匀速运动的列车上的力学效应看来并不遵循同样的定律。当写出相对于地球运动的方程时,还必须要考虑到地球的转动。因而似乎存在着一种笛卡儿坐标系,即所谓的惯性系(inertial systems),在这种坐标系中,力学定律(或更普遍地说是物理学定律)表述为最简单的形式。显然,我们可以推断下述命题是正确的:如果K是惯性系,那么任何一个相对于K做匀速无转动运动的参考系K'也是惯性系;

自然定律对所有的惯性系都是一致的。我们将把这个陈述称为"狭义相对性原理"。跟处理方向的相对性（relativity of direction）一样，我们将从这一"平移相对性"（relativity of translation）原理中得出一些结论。

为了达到这个目的，我们必须首先解决下面的问题。如果相对于惯性系 K，一个事件的笛卡儿坐标 x_ν 和时间 t 都已经给定，那么我们怎样计算同一事件相对于惯性系 K'（它相对于 K 作匀速平移）的坐标 x'_ν 和时间 t' 呢？在相对论前物理学中，这个问题是通过无意识地作了两个假设而解决的。

1. 时间是绝对的；一个事件相对于 K' 的时间 t' 与它相对于 K 的时间是相同的。如果瞬时信号可以传到远处，并且我们知道时钟的运动状态不会影响它的快慢，那么这个假设从物理学上讲就是正确的。因为这样就可以把一些彼此相同并且校准过的时钟分别放置在 K 系和 K' 系中，而且分别相对于它们静止，时钟的读数则与系统的运动状态无关。此时，一个事件的时间就由与它最邻近的时钟给出。

2. 长度是绝对的；如果相对于 K 静止的间隔具有长度 s，那么在相对于 K 运动的 K' 系中，它具有相同的长度 s。

如果 K 系和 K' 系的坐标轴彼此平行，那么在前面两个假设的基础上，经过简单的计算就可以得到如下的变换方程

$$\left.\begin{array}{l} x'_\nu = x_\nu - a_\nu - b_\nu t \\ t' = t - b \end{array}\right\} \qquad (21)$$

这个变换称为"伽利略变换"（Galilean Transformation）。对时间求两次导数，我们得到

$$\frac{\mathrm{d}^2 x'_\nu}{\mathrm{d}t^2} = \frac{\mathrm{d}^2 x_\nu}{\mathrm{d}t^2}。$$

进而,对于两个同时的事件,有

$$x'^{(1)}_\nu - x'^{(2)}_\nu = x^{(1)}_\nu - x^{(2)}_\nu。$$

把它平方然后相加,便得到了两点间距离的不变性。由此,很容易证明牛顿运动方程(Newton's equations of motion)在伽利略变换(21)式下是协变的。因此,如果有了上面两个关于尺度和时钟的假设,那么经典力学符合狭义相对性原理。

但是,当运用到电磁现象时,这种在伽利略变换下建立平移相对性的企图却遭到了失败。麦克斯韦—洛伦兹电磁方程(Maxwell-Lorentz electro-magnetic equations)在伽利略变换下不是协变的。特别是,从(21)式我们注意到,如果一束光线在 K 系中的速度是 c,那么它在 K' 系中就会有不同的速度,这依赖于 K' 系的运动方向。所以,根据参考空间 K 的物理性质,我们可以把它与那些相对它(静止以太)运动的参考空间区分开来。但是,所有的实验都表明,相对于作为参考系的地球,电磁现象和光学现象并没有受到地球平动速度的影响。这些实验中最为著名的就是迈克耳孙(Michelson)和莫雷(Morley)所做的那些实验(我假定大家已经了解它们了)。由此可见,对于电磁现象而言,狭义相对性原理的正确性也是毋庸置疑的。

另一方面,麦克斯韦—洛伦兹方程对于运动物体中光学问题的处理,也证明了它的正确性。没有其他的理论可以令人满意地解释光行差、运动物体中的光传播[菲佐(Fizeau)]以及在双星中观察到的现象[德西特(De Sitter)]。麦克斯韦—洛伦兹方程的一个推论是:

我们必须认为至少是对于一个确定的惯性系 K，光在真空中以速度 c 传播这一假设是已被证实的。根据狭义相对性原理，我们还必须假定这一原理对于其他任意一个惯性系都成立。

在从这两条原理得出任何结论之前，我们必须首先回顾一下"时间"和"速度"这两个概念的物理意义。由前面的讨论可以知道，惯性系的坐标在物理上是通过用刚体来测量和构建而定义的。为了测量时间，我们需要假设一个时钟 U，它位于与 K 系相对静止的某个地方。但是，当事件与时钟之间的距离不可忽略时，我们就不能再用这个时钟来确定这个事件的时间了。因为我们没有一种"瞬时信号"来比较钟的时间与事件的时间。为了完成对时间的定义，我们可以借助于光在真空中传播速度恒定这一原理。我们假定在 K 系的各个点上放置了与其相对静止的相同的时钟，并且都按照下面的方式进行了校准：某个时钟 U_m 在其指向时刻 t_m 时发出的一束光，在真空中传播了 r_{mn} 距离后到达了时钟 U_n，这时 U_n 的时间可以表示成

$t_n = t_m + \dfrac{r_{mn}}{c}$ *。光速不变原理意味着，这种校准时钟的方法是不会引起矛盾的。利用以这种方式校准的时钟，我们可以确定在任何一个时钟附近发生的事件的时间。需要特别指出的是，因为我们利用了一系列相对于 K 静止的时钟，所以按照这种方法定义的时间只与惯性系 K 相关。根据这个定义，在相对论前物理学中所假定的时间的绝对性（即时间与惯性系的选择无关）也就不再成立了。

由于未加论证就把时间概念建立在光传播定律基础之上，从而使光传播在理论中处于中心地位，狭义相对论遭到了许多批评。然而，情况实际上大致是这样的：为了赋予时间概念以物理意义，我们

---

* 严格地讲，首先定义同时性会更为恰当一些。它的定义大致如下：对于发生在 K 系中的 A 点和 B 点的两个事件，如果从间隔 AB 的中点 M 进行观测时，它们看起来在同一时刻，那么这两个事件就是同时发生的。时间于是定义为相同时钟的读数的集合，这些时钟相对于 K 系静止，并且同时显示相同的时间。

需要某种能够在不同地点之间建立起联系的过程。至于为这样一种时间定义具体选择什么样的过程则并不重要。然而，选择那些我们已有所了解的过程显然对理论会更有益一些。由于麦克斯韦(Maxwell)和洛伦兹(H. A. Lorentz)的工作，我们对光在真空中传播过程的了解，比其他任何可以想到的过程都要清楚。

基于所有这些考察，空间和时间的数值不仅仅是主观构思出来的，它们还具有物理上真实的意义。这特别是对于所有含有坐标和时间的关系式[如(21)式]都成立。因而，有意义的问题是：这些方程是否正确呢？或者说，当我们从惯性系 K 变换到另一个相对它运动的惯性系 K' 时，所应遵循的真实变换方程是什么？接下来就会看到，这些问题可以被光速不变原理和狭义相对性原理唯一地解决。

为此，我们考虑在两个惯性系 K 和 K' 中，利用上面的方法从物理上定义的空间和时间。再进一步，令一束光线在 K 系中从点 P_1 经过真空传播到点 P_2。如果 r 为所测得的两点之间的距离，那么光线的传播必须满足方程

$$r = c \cdot \Delta t 。$$

如果对方程两边进行平方，并且用坐标差 Δx_ν 来表示 r^2，我们就得到了替代原方程的方程

$$\sum (\Delta x_\nu)^2 - c^2 \Delta t^2 = 0 。 \tag{22}$$

这个方程所表达的是在坐标系 K 中的光速不变原理。不论发出这束光的光源如何运动，这个方程都成立。

光的传播也同样可以在坐标系 K' 中考察，这时光速不变原理也

必须得到满足。所以在 K' 系中,我们有方程

$$\sum (\Delta x'_\nu)^2 - c^2 \Delta t'^2 = 0 。 \qquad (22a)$$

在从 K 系到 K' 系的变换下,方程(22)和(22a)必须彼此相洽。能达到这一要求的变换我们将称为"洛伦兹变换"(Lorentz transformation)。

在具体考察这些变换之前,我们先要对空间和时间做些一般性的评述。在相对论前物理学中,空间和时间是分离的实体(separate entities)。时间的确定与参考空间的选择无关。牛顿力学对于参考空间来说,是具有相对性的,因此,像"两个在同一地点非同时发生的事件"这样的陈述就没有客观意义(也就是说与参考空间无关)。但是这个相对性对于理论的建立没有起任何作用。人们谈论空间上的点和时间上的时刻,就好像它们是绝对的实在(absolute realities)。人们没有认识到确定时空(space-time)的真正元素是那些由 4 个数 x_1, x_2, x_3, t 所确定的事件。"某事件正在发生"这一概念总是四维连续统的概念;但是对于这一点的认识却被相对论前物理学中时间的绝对性模糊了。当放弃了时间的绝对性,尤其是同时性的绝对性这一假设之后,就会立刻认识到时空概念(space-time concept)的四维性(four-dimensionality)。某个事件发生的空间上的点和时间上的时刻都不具有物理实在,只有事件本身才具有物理实在。两个事件之间在空间上没有绝对(与参考空间的选择无关)的关系,在时间上也没有绝对的关系,但是却有绝对(与参考空间无关)的空间与时间关系,下面就会看到这点。没有任何客观合理的方法能够把四维连续统分离成三维空间连续统和一维时间连续统,因此从逻辑上讲,在四维时空连续统(space-time continuum)中表述自然定律会更令人

满意。相对论在方法上的巨大进步正是建立在这个基础之上的,这种进步归功于闵可夫斯基。从这个观点上来考虑,我们必须把 x_1, x_2, x_3, t 看作是四维连续统中事件的四个坐标。我们对四维连续统中各种关系的想象,要远逊于对三维欧几里得连续统中各种关系的想象。但需要强调的是,甚至在三维欧几里得几何中,那些概念和关系在我们头脑中也是很抽象的,它们与我们通过视觉和触觉所感知到的印象完全不同。然而,四维事件连续统的不可分性(non-divisibility)并不表示空间坐标与时间坐标是等价的。恰恰相反,我们必须牢记,物理上对时间坐标的定义完全不同于对空间坐标的定义。当令(22)式和(22a)式相等时,就定义了洛伦兹变换,这进一步表明了空间坐标与时间坐标所扮演的角色是不同的,因为 Δl^2 项的符号与空间项 Δx_1^2, Δx_2^2, Δx_3^2 的符号相反。

在进一步分析定义洛伦兹变换的条件之前,我们先要引入光时(light-time)$l = ct$ 来代替时间 t。这样,以后导出的公式中就不会含常量 c。于是洛伦兹变换按照下述方式来定义:首先,在这个变换下方程

$$\Delta x_1^2 + \Delta x_2^2 + \Delta x_3^2 - \Delta l^2 = 0 \qquad (22b)$$

是协变的,也就是说,如果它在两个给定事件(发射和接受光束)所对应的惯性系里成立,那么它在任何一个惯性系里都成立。最后,根据闵可夫斯基的观点,我们引入虚的(imaginary)时间坐标

$$x_4 = il = ict \ (\sqrt{-1} = i)$$

来代替实的(real)时间坐标 $l = ct$。这样,确定光传播的方程(它在洛

伦兹变换下必须是协变的)就变为

$$\sum_{(4)}\Delta x_\nu^2 = \Delta x_1^2 + \Delta x_2^2 + \Delta x_3^2 + \Delta x_4^2 = 0。 \qquad (22c)$$

如果

$$s^2 = \Delta x_1^2 + \Delta x_2^2 + \Delta x_3^2 + \Delta x_4^2 \qquad (23)$$

在该变换下是不变量(这是一个更宽的条件),那么前面的条件就总是可以满足*。这一条件只有当变换是线性变换时才能被满足,即变换应当有下述形式

$$x'_\mu = a_\mu + b_{\mu\alpha}x_\alpha, \qquad (24)$$

其中对α的求和是从$\alpha = 1$到$\alpha = 4$。看一下(23)式和(24)式就会发现,如果不考虑维数和与实在的关系(relations of reality),那么按照上面这种方式定义的洛伦兹变换与欧几里得几何中的平移转动变换是相同的。我们也可以推定系数$b_{\mu\alpha}$必须满足条件

$$b_{\mu\alpha}b_{\nu\alpha} = \delta_{\mu\nu} = b_{\alpha\mu}b_{\alpha\nu}。 \qquad (25)$$

因为x_ν的比值都是实数,所以除了$a_4, b_{41}, b_{42}, b_{43}, b_{14}, b_{24}$和$b_{34}$是纯虚数以外,其他系数$a_\mu$和$b_{\mu\alpha}$都是实数。

特殊洛伦兹变换 如果只对两个坐标进行变换,并且所有的a_μ

---

* 到后面将会明白,这一特殊化乃是基于这种情况的性质。

（它们仅仅确定了新的坐标原点）都为0，我们就得到（24）式和（25）式类型的最简单变换。对于指标1和2，考虑到由关系式（25）所给出的三个独立条件，我们得到

$$\left.\begin{aligned} x'_1 &= x_1 \cos\phi - x_2 \sin\phi \\ x'_2 &= x_1 \sin\phi + x_2 \cos\phi \\ x'_3 &= x_3 \\ x'_4 &= x_4 \end{aligned}\right\} \qquad (26)$$

这是（空间）坐标系在空间中绕x_3轴的一个简单转动。我们可以看出，以前所研究的空间转动变换（不含时间变换）只是作为一个特殊情况包含于洛伦兹变换之中。对于指标1和4，按照类似的方法，我们得到

$$\left.\begin{aligned} x'_1 &= x_1 \cos\psi - x_4 \sin\psi \\ x'_4 &= x_1 \sin\psi + x_4 \cos\psi \\ x'_2 &= x_2 \\ x'_3 &= x_3 \end{aligned}\right\} \qquad (26a)$$

考虑到与实在的关系，ψ 必须是虚数。为了从物理上诠释这些方程，我们引入实光时（real light-time）l 和 K' 系相对于 K 系的运动速度 v 来代替虚数角（imaginary angle）ψ。首先会有

$$x'_1 = x_1\cos\psi - \mathrm{i}\, l\sin\psi$$

$$l' = -\mathrm{i}\, x_1\sin\psi + l\cos\psi。$$

因为对于 K' 系的原点 $x'_1 = 0$，我们必须要有 $x_1 = vl$，所以根据第一个方程我们得到

$$v = \mathrm{i}\tan\psi \qquad (27)$$

以及

$$\left.\begin{array}{l} \sin\psi = \dfrac{-iv}{\sqrt{1-v^2}} \\[4mm] \cos\psi = \dfrac{1}{\sqrt{1-v^2}} \end{array}\right\} \qquad (28)$$

由此我们得到

$$\left.\begin{array}{l} x'_1 = \dfrac{x_1 - vl}{\sqrt{1-v^2}} \\[4mm] l' = \dfrac{l - vx_1}{\sqrt{1-v^2}} \\[4mm] x'_2 = x_2 \\[2mm] x'_3 = x_3 \end{array}\right\} \qquad (29)$$

这些方程构成了著名的特殊洛伦兹变换，它在普遍的理论中表示四维坐标系中的转动，这一转动所转过的角度是虚的。如果用普通时间 t 来代替光时 l，那么在（29）式中就必须用 ct 代替 l，用 $\frac{v}{c}$ 代替 v。

现在,我们必须要补一个漏洞。根据光速不变原理可知,方程

$$\sum \Delta x_\nu^2 = 0$$

具有与惯性系的选择无关这一特征;但是由此却根本无法推断出量 $\sum \Delta x_\nu^2$ 的不变性。这个量在变换时,可能带有一个因子。这是因为 (29) 式的右边可以乘一个与 v 有关的因子 λ。但我们接下来要证明,狭义相对性原理不允许这一因子不为 1。假设有一个刚性圆柱体沿着它的轴向运动。如果在静止时,用单位长度量杆量得它的半径为 R_0,那么由于相对论并没有假定物体在某个参考空间中的形状与这个参考空间的运动状态无关,所以当这个刚性圆柱体运动时,它的半径 R 有可能与 R_0 不同。但是,参考空间中的所有方向都必须是等价的。所以 R 只能与速度的大小 q 有关,而与它的方向无关;由此可见,R 必须是 q 的偶函数。如果这个圆柱体在 K' 系中是静止的,那么它的底面方程就是

$$x'^2 + y'^2 = R_0^2 。$$

如果我们把 (29) 式中最后两个方程写为更一般的形式:

$$x'_2 = \lambda x_2,$$
$$x'_3 = \lambda x_3,$$

那么在 K 系中,圆柱体的底面满足方程

$$x^2 + y^2 = \frac{R_0{}^2}{\lambda^2}。$$

于是因子λ表示了圆柱体的横向伸缩,而且根据前面的讨论,它只能是v的偶函数。

如果我们引入第三个坐标系K'',使它沿K系中负x轴方向相对于K'以速度v运动,那么应用(29)式两次,我们得到:

$$x''_1 = \lambda(v)\lambda(-v)x_1$$
$$\cdots\cdots$$
$$\cdots\cdots$$
$$l'' = \lambda(v)\lambda(-v)l。$$

现在,由于$\lambda(v)$必须等于$\lambda(-v)$,而且由于我们假定在所有坐标系中都使用相同的量杆,所以从K''系到K系的变换必定是恒等变换(因为无须考虑$\lambda = -1$的可能性)。在前面的整个讨论中,我们都假定了量杆的行为(behaviour)与它以前的运动历史(history)无关,这一点至关重要。

运动的量杆与时钟　在确定的K系中时间$l = 0$时,由整数$x'_1 = n$所给出的点在K系中的坐标为$x_1 = n\sqrt{1-v^2}$;这可由方程组(29)中的第一个方程得到,它表述了洛伦兹收缩(Lorentz contraction)。一个位于K系原点$x_1 = 0$并静止的时钟,如果它的走速用$l = n$刻划,那么当从K'系进行观察时,它的走速就变成了

$$l' = \frac{n}{\sqrt{1-v^2}} ;$$

34

这可由方程组(29)中的第二个方程得到,它表明,时钟的走速比它在相对于坐标系 K' 静止时的走速要慢一些。上面的两个结果,酌情做一些细节上的修改之后,对于任何参考系都成立。这就是洛伦兹变换突破了陈规的物理内涵。

速度相加定理　如果把这两个相对速度分别是 v_1 和 v_2 的特殊洛伦兹变换合为一个变换,那么根据(27)式,代替两个分立变换的单个洛伦兹变换的速度是

$$v_{12} = i\tan(\psi_1 + \psi_2) = i\frac{\tan\psi_1 + \tan\psi_2}{1 - \tan\psi_1 \tan\psi_2}$$

$$= \frac{v_1 + v_2}{1 + v_1 v_2}。 \tag{30}$$

洛伦兹变换及其不变量理论的一般陈述　整个狭义相对论的不变量理论都是建立在不变量 s^2[(23)式]上的。从形式上讲,s^2 在四维时空连续统中的地位与欧几里得几何和相对论前物理学中的不变量 $\Delta x_1^2 + \Delta x_2^2 + \Delta x_3^2$ 的地位相同。但是后者对于所有洛伦兹变换而言,并不是不变量,而(23)式中的 s^2 才具有这种不变量的角色。对于任意一个惯性系,都可以通过测量来确定 s^2,而且在测量单位给定时,s^2 是与任意两个事件相对应的一个完全确定的量。

不变量 s^2 除了在维数上与欧几里得几何中相应的不变量不同,还在以下几方面与之不同:在欧几里得几何中,s^2 必然为正。只有当所涉及的两个点重合时,它才为零。另一方面,由

$$s^2 = \sum\Delta x_\nu^2 = \Delta x_1^2 + \Delta x_2^2 + \Delta x_3^2 - \Delta l^2 \ *$$

---

* 原文 Δl^2 误为 Δt^2。——译者

为零并不能推论出两个时空点(space-time points)重合。它只是一个不变量条件,该条件表明了两个时空点可以通过真空中的光信号相联系。如果点 P 是 x_1, x_2, x_3, l 所张成的四维空间中的一个点(事件),那么,所有可以通过光信号与 P 联系起来的"点"都位于光锥 $s^2 = 0$ 上(如图1,图中略去了 x_3 轴)。光锥的"上"半部分包含的是那些光信号可以从点 P 传到它们的"点",光锥的"下"半部分包含的是那些光信号可以由它们传到点 P 的"点"。被光锥面包围着的点 P' 可以与 P 构成一个负的 s^2,从而根据闵可夫斯基的观点,PP' 以及 $P'P$ 都是类时的(time-like)。这些间隔代表那些可能的运动轨迹的元素,其运动速度小于光速*。在这种情况下,通过恰当选取惯性系的运动状态,可以使 l 轴沿着 PP' 的方向。如果 P' 位于"光锥"(light-cone)之外,那么 PP' 就是类空的(space-like);此时,通过适当选取惯性系可以使 Δl 为0。

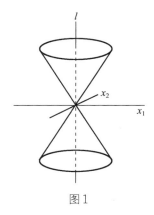

图1

闵可夫斯基通过引入虚时间变量 $x_4 = il$,使物理现象的四维连续统不变量理论与三维欧几里得空间连续统不变量理论完全相似。

---

* 由于在特殊洛伦兹变换(29)式中含有根号 $\sqrt{1-v^2}$ 项,所以超过光速的物质的运动速度是不可能的。

从而狭义相对论中的四维张量理论与欧几里得空间中三维张量理论的不同点仅仅在于维数以及与实在的关系。

如果一个物理实体，在 x_1,x_2,x_3,x_4 所张成的任意惯性系里，都由 4 个量 A_ν 来规定，而且 A_ν 在其与实在的关系及变换性质中都与 Δx_ν 相对应，那么这个物理实体叫作四维矢量（4-vector），A_ν 是它的分量。矢量可以是类空的，也可以是类时的。由此推广，如果 16 个量 $A_{\mu\nu}$ 按照法则

$$A'_{\mu\nu} = b_{\mu\alpha} b_{\nu\beta} A_{\alpha\beta}$$

变换，那么它们就构成 2 秩张量的分量。由此而得：$A_{\mu\nu}$ 的变换性质（properties of transformation）及其实在性质（properties of reality）与两个四维矢量（U）和（V）的分量 U_μ 和 V_ν 之积相同。除了那些只含有一个指标为 4 的分量是虚数以外，其余的分量都是实数。利用类似的方法，可以定义 3 秩或更高秩的张量。这些张量的加、减、乘、缩并以及微分运算，都与三维空间中张量的相应运算类似。

在我们把张量理论运用到四维时空连续统之前，需要先着重研究一下斜称张量。一般而言，2 秩张量有 $4 \cdot 4 = 16$ 个分量。对于斜称张量，具有两个相同指标的分量为 0，而具有不同指标的张量则两两大小相等，符号相反。因此，跟电磁场的情况一样，2 秩斜称张量只有 6 个独立分量。实际上可以证明，如果我们把电磁场看作是斜称张量，那么麦克斯韦方程组就可以被看作是张量方程。进一步，3 秩斜称张量（对于所有指标对都是斜称的）显然只有 4 个独立分量，因为 3 个不同的指标只有 4 种组合方式。

现在，我们转向麦克斯韦方程组（19a）、（19b）、（20a）、（20b），并

引入以下记法[*]：

$$\left.\begin{array}{cccccc} \phi_{23} & \phi_{31} & \phi_{12} & \phi_{14} & \phi_{24} & \phi_{34} \\ h_{23} & h_{31} & h_{12} & -ie_x & -ie_y & -ie_z \end{array}\right\} \tag{30a}$$

$$\left.\begin{array}{cccc} \mathscr{J}_1 & \mathscr{J}_2 & \mathscr{J}_3 & \mathscr{J}_4 \\ \dfrac{1}{c}i_x & \dfrac{1}{c}i_y & \dfrac{1}{c}i_z & i\rho \end{array}\right\} \tag{31}$$

且约定 $\phi_{\mu\nu}$ 等于 $-\phi_{\nu\mu}$。那么麦克斯韦方程组可以合并成如下的形式：

$$\frac{\partial \phi_{\mu\nu}}{\partial x_\nu} = \mathscr{J}_\mu \tag{32}$$

$$\frac{\partial \phi_{\mu\nu}}{\partial x_\sigma} + \frac{\partial \phi_{\nu\sigma}}{\partial x_\mu} + \frac{\partial \phi_{\sigma\mu}}{\partial x_\nu} = 0。 \tag{33}$$

将(30a)式和(31)式代入麦克斯韦方程组，就可以很容易得证。如果我们假设 $\phi_{\mu\nu}$ 和 $\mathscr{J}_\mu dx$ 具有张量特性，那么方程(32)和方程(33)就具有张量特性，因此，它们在洛伦兹变换下是协变的。于是，这些量由一个可容许的(惯性)坐标系变换到另一个惯性系时所遵循的变换定律也就唯一地确定了。狭义相对论在方法上对电动力学(electrodynamics)的改进主要就在于此：它使独立假设的数目减少了。例如，当我们只从方向相对性的观点来考察方程(19a)时(我们在前面正是这样做的)，就会看到它有三个在逻辑上彼此独立的项。电场强度进入这些方程的方式与磁场强度进入方程的方式完全无关。如果

---

　　[*] 为了避免混淆，今后我们用三维空间指标 x,y,z 来代替 $1,2,3$。我们将只把数字指标 $1,2,3,4$ 用于四维时空连续统。

把 $\dfrac{\partial e_\mu}{\partial l}$ 换成（比方说）$\dfrac{\partial^2 e_\mu}{\partial l^2}$，或者没有这一项，也并不令人惊奇。从另一方面来看，方程（32）中只有两个独立的项。电磁场呈现为形式单元（formal unit），电场进入方程的方式则必然要由磁场进入方程的方式所决定。除了电磁场以外，只有电流密度是作为独立的实体（independent entity）出现的。这种方法上的进步主要在于，通过运动的相对性（relativity of motion），电场和磁场不再是分离的存在（separate existences）。一个由某个惯性系来看完全是纯电场的场，如果从另一个惯性系来看，也具有磁场分量。对于特殊洛伦兹变换这种特别情形，在应用于电磁场时，变换的普遍规律给出如下方程：

$$\left.\begin{aligned} e'_x &= e_x & h'_x &= h_x \\[2mm] e'_y &= \frac{e_y - vh_z}{\sqrt{1-v^2}} & h'_y &= \frac{h_y + ve_z}{\sqrt{1-v^2}} \\[2mm] e'_z &= \frac{e_y + vh_y}{\sqrt{1-v^2}} & h'_z &= \frac{h_z - ve_y}{\sqrt{1-v^2}} \end{aligned}\right\} \tag{34}$$

如果对于 K 系只存在磁场 h，而没有电场 e，那么对于 K' 系，会存在电场 e'，这个电场作用于相对 K' 系静止的荷电粒子上。这时，一个相对于 K 系静止的观察者就会把这个力看作是毕奥—萨伐尔力（Biot-Savart force）或洛伦兹电动势（Lorentz electromotive force）。所以，这样看来似乎电动势与电场强度合并成单个实体（single entity）。

为了从形式上看出这一关系，我们来考察作用于单位体积电荷上的力的表达式：

$$k = \rho e + [i, h] \qquad (35)$$

其中 i 是电荷的矢量速度（以光速为单位）。如果再根据(30a)式和(31)式引入 $\mathscr{I}_\mu$ 和 ϕ_μ，那么我们得到的第一分量表达式为：

$$\phi_{12}\mathscr{I}_2 + \phi_{13}\mathscr{I}_3 + \phi_{14}\mathscr{I}_4。$$

考虑到张量 (ϕ) 的斜称性，所以 ϕ_{11} 为 0，从而 k 的分量由四维矢量

$$K_\mu = \phi_{\mu\nu}\mathscr{I}_\nu \qquad (36)$$

的前三个分量给出，它的第四个分量则由

$$K_4 = \phi_{41}\mathscr{I}_1 + \phi_{42}\mathscr{I}_2 + \phi_{43}\mathscr{I}_3$$
$$= i(e_x i_x + e_y i_y + e_z i_z) = i\lambda \qquad (37)$$

给出。因此，存在一个单位体积上的四维力矢量，它的前三个分量 k_1, k_2, k_3 是单位体积上有质动力（ponderomotive force）的分量，它的第四分量是单位体积的场的功率乘以 $\sqrt{-1}$。

比较(36)和(35)式，就会发现相对论从形式上统一了电场的有质动力 ρe 和毕奥—萨伐尔力或洛伦兹力 $i \times h$。

质量和能量 从四维矢量 K_μ 的存在及意义，可以得出一个重要的结论。我们设想电磁场在一个物体上作用了一段时间，如图 2 所示，Ox_1 是 x_1 轴，同时也代表了三个空间轴 Ox_1, Ox_2, Ox_3；Ol 代表实时间轴。在此图中，间隔 AB 表示在确定时间 l 时一个有限大小的物体；

40

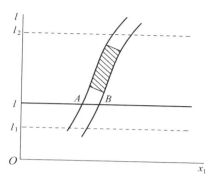

图 2

这个物体的整个时空存在则由一条带表示,这条带的边界相对于 l 轴的倾角处处都小于 45°。在时间段 $l = l_1$ 到 $l = l_2$ 之间(但不包括两端)的部分,我们用阴影表示。它表示有电磁场作用在物体上(或者说是作用于物体所包含的电荷上,然后这种作用再传递到物体上)时的那部分时空流形(space-time manifold)。接下来我们将考察由于这一作用而导致的动量和能量的改变。

我们将假定动量能量原理(principles of momentum and energy)对于该物体成立。那么动量的改变 ΔI_x,ΔI_y,ΔI_z 以及能量的改变 ΔE 由下面的表达式给出*:

$$\Delta I_x = \int_{l_1}^{l_2} \mathrm{d}l \int k_x \mathrm{d}x\mathrm{d}y\mathrm{d}z = \frac{1}{\mathrm{i}} \int K_1 \mathrm{d}x_1 \mathrm{d}x_2 \mathrm{d}x_3 \mathrm{d}x_4$$

$$\cdots\cdots \ \cdots\cdots$$

$$\cdots\cdots \ \cdots\cdots$$

$$\Delta E = \int_{l_1}^{l_2} \mathrm{d}l \int \lambda \mathrm{d}x\mathrm{d}y\mathrm{d}z = \frac{1}{\mathrm{i}} \int \frac{1}{\mathrm{i}} K_4 \mathrm{d}x_1 \mathrm{d}x_2 \mathrm{d}x_3 \mathrm{d}x_4 \ 。$$

---

* 英文版公式中积分上下限误为 l_1 和 l_0。——译者

由于四维体积元是不变量,而且(K_1, K_2, K_3, K_4)构成四维矢量,所以在阴影部分上的四维积分以四维矢量的方式进行变换;鉴于作用在阴影区域之外(l_1和l_2之间)的积分对于整个积分没有贡献,所以在端点l_1和l_2之间的积分也应如此。由此可见ΔI_x, ΔI_y, ΔI_z, $i\Delta E$构成四维矢量。因为可以认为一个量本身的变换方式与其增量的变换方式相同,所以我们推断4个量

$$I_x, \quad I_y, \quad I_z, \quad iE$$

的集合本身就具有矢量特性。这些量表示这个物体的瞬时状况(例如在$l = l_1$时)。

当把物体看作是质点时,也可以用它的质量m和速度来表示这个四维矢量。为了得到它的表达式,我们首先注意到

$$-\mathrm{d}s^2 = \mathrm{d}\tau^2 = -(\mathrm{d}x_1^2 + \mathrm{d}x_2^2 + \mathrm{d}x_3^2) - \mathrm{d}x_4^2$$
$$= \mathrm{d}l^2(1 - q^2) \tag{38}$$

是不变量,它就是表示质点运动的四维线(four-dimensional line)的一段无穷小部分。不变量$\mathrm{d}\tau$的物理意义很容易给出。如果把时间轴选择得与所考虑的微分线元方向相同,换言之就是把质点变换到静止,我们将有$\mathrm{d}\tau = \mathrm{d}l$,于是这可以通过与质点相对静止,并且处于同一地点的光秒钟(light-seconds clock)来测量。故我们把τ称为该质点的固有时(proper time)。因而$\mathrm{d}\tau$与$\mathrm{d}l$不同,它是不变量,当质点的运动速度比光速小得多时,它实际上与$\mathrm{d}l$等价。所以我们看到

$$u_\sigma = \frac{\mathrm{d}x_\sigma}{\mathrm{d}\tau} \qquad (39)$$

如同 $\mathrm{d}x_\nu$ 一样,具有矢量特性;我们将把 (u_σ) 称为速度的四维矢量(简称四维矢量),根据(38)式可知,它的分量满足条件

$$\sum u_\sigma^2 = -1 。 \qquad (40)$$

在通常的记法中,此四维矢量的分量为:

$$\frac{q_x}{\sqrt{1-q^2}}, \frac{q_y}{\sqrt{1-q^2}}, \frac{q_z}{\sqrt{1-q^2}}, \frac{\mathrm{i}}{\sqrt{1-q^2}} 。 \qquad (41)$$

它是由在三维空间中定义的质点的速度分量

$$q_x = \frac{\mathrm{d}x}{\mathrm{d}l}, \quad q_y = \frac{\mathrm{d}y}{\mathrm{d}l}, \quad q_z = \frac{\mathrm{d}z}{\mathrm{d}l}$$

所能构成的唯一四维矢量。因此我们看到

$$\left(m\frac{\mathrm{d}x_\mu}{\mathrm{d}\tau} \right) \qquad (42)$$

必须是与动量能量四维矢量(我们前面证明了它的存在性)相等的四维矢量。令它们的分量相等,并采用三维记号,我们得到

$$I_x = \frac{mq_x}{\sqrt{1-q^2}}$$
$$\cdots\cdots$$
$$\cdots\cdots$$
$$E = \frac{m}{\sqrt{1-q^2}}$$

$$(43)$$

事实上我们认识到，当速度远小于光速时，这些动量的分量与经典力学中的一样。而速度很大时，动量的增加要比按照速度的线性关系增加得更快，以至于当速度趋近光速时，动量趋于无穷大。

如果我们把方程组(43)的最后一个方程运用到一个静止的质点上($q=0$)，就会发现一个静止物体的能量 E_0 等于它的质量。假如我们选择秒作为我们的时间单位*，就会得到

$$E_0 = mc^2。 \qquad (44)$$

由此可见，质量和能量在本质上是一样的(essentially alike)；它们只是同一事物的不同表达形式而已。物体的质量不是一个常量，它随着其能量的变化而变化**。由方程组(43)中的最后一个方程可以看出，当 q 趋于1，即速度趋于光速时，E 变为无穷大。如果我们把 E 展开为 q^2 的级数，则有

＊事实上，并非一定要选择秒作为时间单位来导出这个著名的爱因斯坦质能关系。依照第31、32页上的相关叙述，即可得到(44)式。——译者

＊＊放射过程中的能量释放显然与原子量不是整数这一事实有关。近几年来，由方程(44)所表达的静止质量与静止能量之间的等价性已在许多事例中得到证实。在放射性衰变中，衰变以后的质量之和总是小于未衰变原子的质量。其差异以新生成粒子的动能以及放出的辐射能形式出现。

$$E = m + \frac{m}{2}q^2 + \frac{3}{8}mq^4 + \cdots \qquad (45)$$

这个展开式中的第二项对应于经典力学中质点的动能。

质点的运动方程　由方程组(43)，对时间 l 微分，并利用动量原理，我们将会得到(利用三维矢量记法)

$$K = \frac{\mathrm{d}}{\mathrm{d}l}\left(\frac{m\boldsymbol{q}}{\sqrt{1-q^2}}\right) \qquad (46)$$

这个方程最初是由洛伦兹提出来描述电子运动的，它已经被β射线实验以高精度证实。

电磁场的能量张量　在相对论产生以前，已经知道电磁场的能量动量原理还可以用微分方式表述。此原理的四维表述产生了一个重要的概念——能量张量(energy tensor)，它对于相对论的进一步发展非常重要。

如果在单位体积的力的四维矢量表达式

$$K_\mu = \phi_{\mu\nu}\mathscr{J}_\nu$$

中，我们利用场方程(32)，把 $\mathscr{J}_\mu$ 写成场强 $\phi_{\mu\nu}$ 的形式，那么经过一些变换，并且反复使用场方程(32)和(33)之后，就可以得到表达式

$$K_\mu = -\frac{\partial T_{\mu\nu}}{\partial x_\nu} \qquad (47)$$

45

其中已令*

$$T_{\mu\nu} = -\frac{1}{4}\phi_{\alpha\beta}^2\delta_{\mu\nu} + \phi_{\mu\alpha}\phi_{\nu\alpha}\circ \qquad (48)$$

如果我们采用一种新的记法来表述方程(47),就会很容易看出它的物理意义:

$$
\left.
\begin{aligned}
k_x &= -\frac{\partial p_{xx}}{\partial x} - \frac{\partial p_{xy}}{\partial y} - \frac{\partial p_{xz}}{\partial z} - \frac{\partial(\mathrm{i}b_x)}{\partial(\mathrm{i}l)} \\
&\cdots\cdots \\
&\cdots\cdots \\
\mathrm{i}\lambda &= -\frac{\partial(\mathrm{i}s_x)}{\partial x} - \frac{\partial(\mathrm{i}s_y)}{\partial y} \\
&\quad - \frac{\partial(\mathrm{i}s_z)}{\partial z} - \frac{\partial(-\eta)}{\partial(\mathrm{i}l)}
\end{aligned}
\right\} \qquad (47a)
$$

去掉虚数后,可以写作:

$$
\left.
\begin{aligned}
k_x &= -\frac{\partial p_{xx}}{\partial x} - \frac{\partial p_{xy}}{\partial y} - \frac{\partial p_{xz}}{\partial z} - \frac{\partial b_x}{\partial l} \\
&\cdots\cdots \\
&\cdots\cdots \\
\lambda &= -\frac{\partial s_x}{\partial x} - \frac{\partial s_y}{\partial y} - \frac{\partial s_z}{\partial z} - \frac{\partial \eta}{\partial l}
\end{aligned}
\right\} \qquad (47b)
$$

---

* 按指标 α 和 β 求和。

当写成后一种形式时,我们看到前三个方程表述的是动量原理,其中 p_{xx}······p_{zz} 是电磁场的麦克斯韦应力(Maxwell stresses),(b_x, b_y, b_z) 是场的单位体积的矢量动量;(47b)中的最后一个方程表述的是能量原理,s 是能量矢量流,η 是场的单位体积能量。实际上,通过引入场强的实分量,我们由(48)式得到如下在电动力学中所熟知的表达式:

$$
\left.
\begin{aligned}
p_{xx} &= -h_x h_x + \frac{1}{2}(h_x^2 + h_y^2 + h_z^2) \\
&\quad -e_x e_x + \frac{1}{2}(e_x^2 + e_y^2 + e_z^2) \\
p_{xy} &= -h_x h_y - e_x e_y \\
p_{xz} &= -h_x h_z - e_x e_z \\
&\cdots\cdots \\
&\cdots\cdots \\
b_x &= s_x = e_y h_z - e_z h_y \\
&\cdots\cdots \\
&\cdots\cdots \\
\eta &= +\frac{1}{2}(e_x^2 + e_y^2 + e_z^2 + h_x^2 + h_y^2 + h_z^2)
\end{aligned}
\right\}
\tag{48a}
$$

从(48)式我们注意到,电磁场的能量张量是对称张量;与此相联系,单位体积的动量与能量流彼此相等(能量与惯性的关系)。

因此,通过上面这些考察,我们得出结论:单位体积的能量具有张量特性。我们只是对电磁场直接地证明了这一点,尽管我们可以宣称它普遍成立。如果已知电荷和电流的分布,那么麦克斯韦方程组就确定了相应的电磁场。但是我们不知道那些支配电荷以及电流分布的定律。尽管我们确实知道电是由基元粒子(电子、带正电的原子核)构成的,但是从理论的角度上我们无法理解它。我们不清楚在大小及电荷数都确定的粒子中决定电荷分布的能量因素,而且所有志在完成这一方向的理论尝试都没有成功。如果说利用麦克斯韦方程组可以做什么的话,我们也只能确定带电粒子以外的电磁场的能量张量*。只有在带电粒子以外的这些区域,我们才能确信有完整的能量张量表达式。利用(47)式,我们有

$$\frac{\partial T_{\mu\nu}}{\partial x_\nu} = 0。 \qquad (47c)$$

守恒原理的一般表述 在所有其他情况下,我们几乎都无法避免作出以下假定:能量的空间分布是由对称张量 $T_{\mu\nu}$ 来描述的,这个总能量张量处处满足(47c)式。我们将会看到,在任何情况下,利用这个假定,都可以得到积分能量原理(integral energy principle)的正确表述。

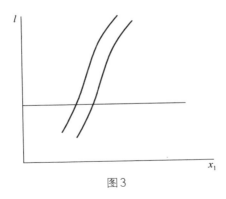

图3

---

　*人们曾试图通过假定带电粒子都是本征奇点(proper singularities)来弥补这种认识上的不足。但我认为,这样做意味着我们放弃真正理解物质的结构。对我而言,与其仅仅满足于一种表面上的解决,还不如承认我们目前对此无能为力要好得多。

我们来考察一个封闭系统,它在空间上有界,可以表示成为一条四维的带子,在其外 $T_{\mu\nu}$ 为 0。把方程(47c)在一段空间上进行积分。因 $T_{\mu\nu}$ 在积分限处为 0,故 $\dfrac{\partial T_{\mu 1}}{\partial x_1}$,$\dfrac{\partial T_{\mu 2}}{\partial x_2}$ 和 $\dfrac{\partial T_{\mu 3}}{\partial x_3}$ 的积分皆为 0,我们得到

$$\frac{\partial}{\partial l}\left\{\int T_{\mu 4}\mathrm{d}x_1\mathrm{d}x_2\mathrm{d}x_3\right\}=0。 \tag{49}$$

在大括号里面,是整个系统的动量与虚数 i 的积,以及系统的负能量(negative energy),因此(49)式是积分形式的守恒原理。它给出了正确的能量概念。通过下面的考察,我们将看出这一守恒原理。

物质的能量张量的唯象表示

流体动力学方程　我们知道物质是由带电粒子构成的,但是我们不知道支配这些粒子分布的定律。所以在处理力学问题时,我们不得不采用一种不太精确的方法来描述物质(它与经典力学中的情况相对应)。这种描述方法乃建立在物质密度 σ 和流体动压强(hydrodynamical pressures)这两个基本概念之上。

令 σ_0 为某处的物质密度,它是在一个与物质一起运动的参考系中被估量的。因此静止密度 σ_0 是不变量。如果我们考虑以任意方式运动的物质,并且忽略其压强(比如,忽略了大小和温度的真空中的尘埃粒子),那么能量张量就只与速度的分量 u_ν 和 σ_0 有关。我们取

$$T_{\mu\nu}=\sigma_0 u_\mu u_\nu \tag{50}$$

以确保 $T_{\mu\nu}$ 的张量特性,其中 u_μ 在三维表示中由(41)式给出。实际上,

根据(50)式,当$q=0$时,$T_{44} = -\sigma_0$(等于单位体积的负能量),而根据质能等效原理(principle of the equivalence of mass and energy)以及前面对能量张量的物理解释,它也正应当如此。如果有外力(四维矢量K_μ)作用在该物质上,那么根据动量能量原理,方程

$$K_\mu = \frac{\partial T_{\mu\nu}}{\partial x_\nu}$$

必成立。我们将会表明,从这个方程也可以导出前面已经得到的质点运动定律。设想物质在空间中的体积无穷小,即该物质是一条四维线状体(thread),如果在整条线状体上对空间坐标x_1, x_2, x_3进行积分,我们得到

$$\int K_1 dx_1 dx_2 dx_3 = \int \frac{\partial T_{14}}{\partial x_4} dx_1 dx_2 dx_3$$
$$= -i\frac{d}{dl}\left\{\int \sigma_0 \frac{dx_1}{d\tau}\frac{dx_4}{d\tau} dx_1 dx_2 dx_3\right\}。$$

既然$\int dx_1 dx_2 dx_3 dx_4$是一个不变量,因此,$\int \sigma_0 dx_1 dx_2 dx_3 dx_4$也是不变量。我们将首先在已选定的惯性系中计算这个积分,然后再在与物质相对静止的惯性系里计算这个积分。积分将沿着线状体上的一根纤维(filament)进行,在这根纤维上,σ_0可以在整个截面上被看作常数。如果这条纤维在上面两个惯性系中的空间体积分别是dV和dV_0,我们就有

$$\int \sigma_0 dV dl = \int \sigma_0 dV_0 d\tau,$$

因此,也就会有

$$\int \sigma_0 \mathrm{d}V = \int \sigma_0 \mathrm{d}V_0 \frac{\mathrm{d}\tau}{\mathrm{d}l} = \int \mathrm{d}mi\frac{\mathrm{d}\tau}{\mathrm{d}x_4} \text{。}$$

如果用上式右边的那一项代替前一个积分中的左边项,并且把 $\frac{\mathrm{d}x_1}{\mathrm{d}\tau}$ 提到积分号外面,就得到

$$K_x = \frac{\mathrm{d}}{\mathrm{d}l}\left(m\frac{\mathrm{d}x_1}{\mathrm{d}\tau}\right) = \frac{\mathrm{d}}{\mathrm{d}l}\left(\frac{mq_x}{\sqrt{1-q^2}}\right) \text{。}$$

由此可以看出,推广了的能量张量概念与我们前面得到的结果是一致的。

理想流体的欧拉方程 为了能更接近真实物质的行为,我们必须在能量张量的表达式中添加一个对应于压强的项。最简单的情况就是理想流体的情况,它的压强是由标量 p 来决定的。对于理想流体,因为其切向应力 p_{xy} 等都为 0,所以压强对能量张量的贡献必须是以 $p\delta_{\mu\nu}$ 的形式出现,为此,我们令

$$T_{\mu\nu} = \sigma u_\mu u_\nu + p\delta_{\mu\nu} \text{。} \tag{51}$$

在静止时,物质的密度(或单位体积的能量)在这种情形里不是 σ,而是 $\sigma - p$。这是因为

$$-T_{44} = -\sigma\frac{\mathrm{d}x_4}{\mathrm{d}\tau}\frac{\mathrm{d}x_4}{\mathrm{d}\tau} - p\delta_{44} = \sigma - p$$

的缘故。当没有任何力时,我们有

$$\frac{\partial T_{\mu\nu}}{\partial x_{\nu}} = \sigma u_{\nu}\frac{\partial u_{\mu}}{\partial x_{\nu}} + u_{\mu}\frac{\partial(\sigma u_{\nu})}{\partial x_{\nu}} + \frac{\partial p}{\partial x_{\mu}} = 0。$$

如果用 $u_{\mu}\left(= \dfrac{\mathrm{d}x_{\mu}}{\mathrm{d}\tau} \right)$ 去乘这个方程,并对 μ 指标求和,再利用(40)式,我们得到

$$-\frac{\partial(\sigma u_{\nu})}{\partial x_{\nu}} + \frac{\mathrm{d}p}{\mathrm{d}\tau} = 0。 \qquad (52)$$

其中,我们已经令 $\dfrac{\partial p}{\partial x_{\mu}}\dfrac{\mathrm{d}x_{\mu}}{\mathrm{d}\tau} = \dfrac{\mathrm{d}p}{\mathrm{d}\tau}$。这个公式就是连续性方程(equation of continuity),它与经典力学中连续性方程的不同之处在于多了 $\dfrac{\mathrm{d}p}{\mathrm{d}\tau}$ 项,实际上,这一项小到接近于零。观察(52)式,我们发现守恒原理可以写成如下形式:

$$\sigma\frac{\mathrm{d}u_{\mu}}{\mathrm{d}\tau} + u_{\mu}\frac{\mathrm{d}p}{\mathrm{d}\tau} + \frac{\partial p}{\partial x_{\mu}} = 0。 \qquad (53)$$

很显然,对于前三个指标,这个方程对应于欧拉方程(Eulerian equations)。方程(52)和(53)在一阶近似下对应于经典力学中的流体力学方程,这进一步证实了推广的能量原理。物质密度(或能量密度)具有张量特性(具体来说,它构成了一个对称张量)。

广义相对论

前面所有的考察都建立在如下假设之上：所有惯性系对于描述物理现象都是等效的，而且在表述自然定律时，惯性系要优于其他具有不同运动状态的参考空间。根据我们先前的考察，我们可以设想不论是对于那些可以感知的物体还是对于运动这个概念来说，某些确定的运动状态优于其他所有的运动状态，是毫无理由的；相反，这必须被视为时空连续统的一个独立特性。特别是惯性原理（principle of inertia），它似乎迫使我们把物理上客观的性质归结于时空连续统。正如从牛顿学说的观点看来，下面两个陈述是相容的：*tempus est absolutum*，*spatium est absolutum*（时间是绝对的，空间是绝对的）。而从狭义相对论的观点来看，我们应当这样说：*continuum spatii et temporis est absolutum*（时空连续统是绝对的）。在后一陈述中，*absolutum*（绝对的）并不仅仅是指"物理上真实"，它还指"物理性质上的独立性，即尽管它有物理效应，但是它本身并不受物理条件的影响"。

既然惯性原理被视为物理学的奠基石，上述观点当然也就是唯一被公认正确的观点了。但这个普通的概念还是遭到了两个方面的严厉批评。首先，设想一种自己能发生作用，但不能承受作用的东西（时空连续统）是不符合科学思维模式的。这就是导致马赫（E.

Mach)试图取消空间在力学系统中作为主动原因(active cause)的地位的原因。马赫认为,质点并不是相对于空间在做无加速运动,而是相对于宇宙中所有其他质量的中心在做无加速运动。与牛顿和伽利略(Galileo)的力学相比,按照这种方法,力学现象的一系列原因是闭合的。为了能够在通过介质传递作用的现代理论范围内发展这种思想,必须把那些决定惯性的时空连续统的性质看作是空间的场性质(与电磁场类似)。经典力学的概念无从表达这一点。由于这个原因,马赫寻求解决方案的企图暂时失败了。后面我们将再次回到这个观点。其次,经典力学还有一个不足之处,它直接要求我们把相对性原理推广到相互做非匀速运动的参考空间中去。在经典力学中,两个物体的质量比是按照两种本质上不同的方式来定义的:按照第一种方式,质量比被定义为物体在相同动力作用下的加速度之比的倒数(惯性质量);按照第二种方式,质量比被定义为在同一引力场中作用于其上的引力之比(引力质量)。这两种按照如此不同的方式定义的质量的相等,已经被高精度的实验[厄缶(Eötvös)实验]所证实,而经典力学却无法对这种相等作出解释。不过很显然,只有在将这种数值相等化为这两个概念真正性质的相等之后,我们才能够从科学上讲这种数值相等是正确的。

根据下面的考察可知,通过对相对性原理进行推广,我们实际上就可以达到上述目的。稍加思考就会发现,惯性质量与引力质量相等这一定理等价于以下陈述:物体在引力场作用下所产生的加速度与物体的性质无关。因为在引力场中,牛顿方程的完整表述为:

$$(惯性质量) \cdot (加速度) = (引力场强度) \cdot (引力质量)。$$

只有当惯性质量与引力质量在数值上相等时,加速度才与物体的性

质无关。现在令 K 系为惯性系。于是在 K 系中彼此之间相距很远而且和其他物体也相距很远的质量，是没有加速度的。我们再从一个相对于 K 系做匀加速运动的 K' 坐标系中看这些质量。所有质量都有相对于 K' 系的相等且平行的加速度。相对于 K' 系，这些质量的行为就如同在 K' 系中存在一个引力场而 K' 系并没有加速度一样。此时，如果暂且不考虑这种引力场的"原因"之类的问题（后面我们将会面临这个问题），那么我们完全可以认为这个引力场是实在的，也就是说，我们可以认为，K' 系"静止"并且引力场存在的想法，等效于认为只有 K 系是"可容许的"坐标系而并不存在引力场。我们把坐标系 K 和 K' 在物理上完全等效这个假设称为"等效原理"（principle of equivalence）。显然，等效原理与惯性质量等价于引力质量这个定律是密切相关的，而且它把相对性原理推广到了彼此做非匀速运动的坐标系。实际上，正是通过这一概念，我们实现了惯性与引力本质的统一。同一质量，由于我们看它的方式不同，它既可以是只在惯性作用下运动（相对于 K 系），也可以是在惯性和引力的共同作用下运动（相对于 K' 系）。通过惯性与引力本质的统一来解释惯性质量与引力质量在数值上的相等，这种可能性使广义相对论与经典力学的概念相比有了如此之大的优越性，我深信与这一进步相比，所遇到的所有困难都是微不足道的。

惯性系比所有其他的坐标系都优越，这种优越性似乎是由经验非常牢固地建立起来的，我们有什么合理的理由来丢弃这一优越性呢？惯性原理的弱点在于它引入了一个循环论证：如果一个物体距离其他物体足够远，那么它将做无加速运动；而只有通过该物体做无加速运动，我们才能认定它离其他物体足够远。对于大范围的时空连续统（或者实际上整个宇宙）而言，究竟是否存在着惯性系呢？如果忽略太阳和其他行星的摄动，在很高的近似度下，可以认为在我们的行星系空间中,惯性原理是成立的。更准确地讲,存在有限的区域,相对于适当选取的参考空间,质点在其中做无加速度自由运动,而且我们前面所建立的狭义相对论的定律也在其中极为精确地成立。我们将这些区域称为"伽利略区域"(Galilean regions)。我们将把这些区域的性质看作已知性质的特殊情况,并在这个基础上继续我们的讨论。

等效原理使我们在处理伽利略区域时,同样也可以使用非惯性系,即那些相对于惯性系有加速度和转动的坐标系。进一步而言,如果我们完全不考虑某些坐标系具有优先地位的客观原因这种麻烦的问题,那么应当允许使用任意运动的坐标系。只要我们认真进行这种尝试,就会发现它与狭义相对论对空间与时间的物理诠释之间的矛盾。因为如果令 K' 系的 z' 轴与 K 系的 z 轴相重合,并且使 K' 系绕着该轴以恒定的角速度旋转,那么在 K' 系中静止的刚体的位形还符合欧几里得几何定律吗?由于 K' 系不是惯性系,所以我们无法直接知道支配 K' 系中刚体位形的定律,总的说来,也无法直接知道自然定律。但是我们确实知道这些定律在惯性系 K 中的形式,因而我们也可以推断出它们在 K' 系中的形式。设想在 K' 系的 $x'y'$ 平面上以原点为圆心画一个圆,并且画出圆的一条直径。再设想我们有许多彼此相等的刚性量杆。现在我们把它们分别沿着圆周和直径摆放好,与 K' 系相对静止。如果 U 是沿着圆周摆放的量杆数目,而 D 为沿着直径摆放的量杆数目,那么,当 K' 系不相对于 K 系旋转时,应当有

$$U/D = \pi。$$

但如果 K' 系有旋转,我们得到不同结果。假定在 K 系的某一确定时

刻t，我们确定了所有量杆的端点。相对于K系而言，所有沿着圆周摆放的量杆都会有洛伦兹收缩，而沿着直径摆放的量杆则未体验（沿着其长度方向上！）这种收缩*，所以有

$$U/D > \pi。$$

可见，在K'系中，刚体位形的定律不符合遵循欧几里得几何学的刚体位形定律。进一步来说，如果把两个相同的时钟（与K'系一起转动），一个放在圆周，另一个放在圆心，那么从K系来看，放在圆周上的时钟将比放在圆心的时钟走得慢。如果我们不以一种极其不自然的方式定义相对于K'系的时间（也就是说，如果按照这种方式来定义时间，那么将会使K'系中的运动方程显含时间），那么从K'系中看来，同样的情况必然发生。因此，对于K'系，不能像在狭义相对论中对惯性系那样去定义空间和时间。但是根据等效原理，可以认为K'系相对于一个其内有引力场［离心力和科里奥利力（force of Coriolis)的场］的参考系静止。由此，我们得到以下结果：引力场会影响，乃至会决定时空连续统的度规定律（metrical laws)。如果要将理想刚体位形的定律进行几何表述，那么在引力场存在时这种几何不是欧几里得几何。

我们这里所考察的情况与曲面的二维描述中存在的情况相类似。在后面这种情况，我们同样不可能在曲面上（例如椭球面）引入一个具有简单的度规关系的坐标系，而在平面上，笛卡儿坐标x_1, x_2就能够直接表示出可用单位量杆测量的长度。高斯（Gauss)在他的曲面理论中，通过引入曲线坐标而克服了这个困难。这些曲线坐标

---

* 这些考察实际上都假设了量杆和时钟的行为都只与速度有关，而与加速度无关，或者至少是加速度对它们的影响不会抵消速度对它们的影响。

除了满足连续性条件以外,完全是任意的,只有在后来它才与曲面的度规性质联系起来。我们将用类似的方法在广义相对论中引入任意的坐标 x_1, x_2, x_3, x_4,它们的数值唯一地标记时空点,从而使相邻事件与相邻的坐标值联系起来,除此之外,坐标的选择则是任意的。如果我们要求定律在每个这种四维坐标系中都成立,即如果表述定律的方程对于任意的变换都是协变的,那么我们就在最普遍的意义上遵循了相对性原理。

高斯的曲面理论与广义相对论间最重要的交汇点在于它们的度规性质,这两种理论中的概念主要都建立在其基础之上。在曲面理论中,高斯的论点如下:两个无限接近的点之间的距离 ds,可以作为平面几何的基础。由于距离可以通过刚性量杆测量,因此它具有物理意义。通过适当选取笛卡儿坐标系,这个距离可以表示成公式 $ds^2 = dx_1^2 + dx_2^2$。在这个量的基础上,我们可以把直线的概念理解为测地线($\delta\int ds = 0$),进而有了间隔、圆以及角度等概念,欧几里得平面几何乃建立在这些概念的基础上。如果我们注意到曲面上的一块无穷小区域可以在相对无穷小量的程度上被看作平面,那么也可以在其他连续曲面上建立一种几何学。在曲面的这个无穷小区域里,可以取笛卡儿坐标 X_1 和 X_2,两点之间(由量杆测量)的距离为

$$ds^2 = dX_1^2 + dX_2^2 \text{。}$$

如果在曲面上引入任意曲面坐标 x_1, x_2,则 dX_1, dX_2 可以由 dx_1, dx_2 线性地表示。那么在曲面上处处都有

$$ds^2 = g_{11}dx_1^2 + 2\,g_{12}dx_1dx_2 + g_{22}dx_2^2 \text{,}^*$$

———————————
＊原文此公式中等号误排成加号。——译者

其中 g_{11}, g_{12}, g_{22} 由曲面的性质和坐标系的选择所决定。如果知道了这些量,我们也就知道了如何用由量杆构成的网络来覆盖曲面了。换言之,曲面几何也可以建立在 ds^2 的这个表达式之上,正如平面几何基于相应表达式一样。

在物理学的四维时空连续统里,也存在类似的关系。对于一个在引力场中自由下落的观察者,他的邻近区域里不存在引力场。因此,我们总是可以把时空连续统的一个无穷小区域看成是伽利略区域。对于这个无穷小区域,存在一个惯性系(它的空间坐标为 X_1, X_2, X_3,时间坐标为 X_4)。在这个惯性系里,我们认为狭义相对论的定律成立。如果我们使用放在一起比较时彼此长度相同的量杆,以及放在一起比较时彼此走速一样的时钟,那么由这种单位量杆及时钟直接测量所得的量

$$dX_1^2 + dX_2^2 + dX_3^2 - dX_4^2$$

或其负值

$$ds^2 = -dX_1^2 - dX_2^2 - dX_3^2 + dX_4^2 \qquad (54)$$

对于两个相邻事件(四维连续统中的两个相邻点)而言,这就是唯一确定的不变量。在这里,有一个物理假设非常重要:两个量杆的相对长度以及两个时钟的相对走速,原则上与它们先前的历史无关。当然,这个假设是符合经验的。如果该假设不成立,人们就不会观察到成型的光谱线,因为同一种元素的不同原子显然有不同的历史,而且如果单个原子的相对可变性与它们先前的历史有关,那么认为这些原子的质量或本征频率竟然彼此相等将是荒谬的。

　　总的来说,有限范围的时空区域不是伽利略区域,因此在有限的区域里不能通过坐标系的选取来消除引力场。所以,在有限的区域里,不存在使狭义相对论度规关系在其中成立的坐标系选择。但对于连续统中的两个相邻点(事件),不变量 ds 总是存在,这个不变量 ds 可以用任意坐标来表示。如果注意到局域的 dX_v 可以由坐标微分 dx_v 线性表示,那么 ds^2 可以表示成

$$ds^2 = g_{\mu\nu} dx_\mu dx_\nu 。 \tag{55}$$

　　函数 $g_{\mu\nu}$ 描述的是在任意选择的坐标系中,时空连续统以及引力场的度规关系。与在狭义相对论中一样,我们必须区分四维连续统中的类时线元和类空线元。由于引入符号的变化,所以类时线元 ds 是实数,而类空线元 ds 则是虚数。对于类时的 ds,可以通过适当地选择时钟来直接测量。

　　根据前面的讨论,很显然,如果要表述广义相对论,就需要对不变量理论以及张量理论加以推广。这产生了一个问题,即要求方程的形式必须对于任意的点变换都是协变的。在相对论产生以前很久,数学家们就已经建立了推广的张量演算理论。黎曼(Riemann)首先把高斯的思路推广到了任意维连续统,他很有预见性地看到了对欧几里得几何进行这种推广的物理意义。随后,这个理论以张量微积分的形式得到了发展,对此里奇(Ricci)和莱维-齐维塔(Levi-Civita)作出了重要的贡献。现在,我们应当对这种张量微积分的一些最为重要的数学概念以及运算做一个简要的介绍了。

　　如果有四个量,它们在每个坐标系里都是坐标 x_v 的函数,当坐标进行变换时,如果它们的变换性质与坐标微分 dx_v 的变换性质相同,就将它们称为反变(contra-variant)矢量的分量 A^v。从而我们有

$$A^{\mu\prime} = \frac{\partial x'_\mu}{\partial x_\nu} A^\nu 。 \tag{56}$$

除了这些反变矢量外，还有协变（co-variant）矢量。如果 B_ν 是协变矢量的分量，那么这些矢量将按照规则

$$B'_\mu = \frac{\partial x_\nu}{\partial x'_\mu} B_\nu \tag{57}$$

变换。选择这样定义协变矢量，为的是当把它与反变矢量放在一起时，可以按照公式

$$\phi = B_\nu A^\nu （对指标 \nu 求和）$$

构成标量。这是因为有

$$B'_\mu A^{\mu\prime} = \frac{\partial x_\alpha}{\partial x'_\mu} \frac{\partial x'_\mu}{\partial x_\beta} B_\alpha A^\beta = B_\alpha A^\alpha 。$$

特别地，标量 ϕ 的导数 $\frac{\partial \phi}{\partial x_\alpha}$ 是协变矢量的分量，它们与坐标微分构成标量 $\frac{\partial \phi}{\partial x_\alpha} \mathrm{d} x_\alpha$。由这个例子可以看出，协变矢量的定义是非常自然的。

这里还存在任意秩的张量，它们对于每个指标可以有协变或反变特性，与矢量一样，此特性也由指标的位置来表示。例如，A_μ^ν 表示

的是一个2秩张量,它对于指标μ是协变的,对于指标ν是反变的。张量特性表明,变换方程为

$$A_\mu^{\nu}{}' = \frac{\partial x_\alpha}{\partial x'_\mu}\frac{\partial x'_\nu}{\partial x_\beta}A_\alpha^{\beta}。 \tag{58}$$

与在线性正交代换的不变量理论中一样,也可以通过利用秩数相同且张量特性相同的张量相加或者相减,来构造张量,例如

$$A_\mu^{\nu} + B_\mu^{\nu} = C_\mu^{\nu}。 \tag{59}$$

C_μ^{ν}的张量特性可以直接利用(58)式来证明。

正如在线性正交变换的不变量理论中一样,利用乘法,并保留指标的特性,也可以构造张量,如

$$A_\mu^{\nu}B_{\sigma\tau} = C_{\mu\sigma\tau}^{\nu}。 \tag{60}$$

证明直接得自变换规则。

通过缩并两个不同特性的指标,也可以形成张量,例如

$$A_{\mu\sigma\tau}^{\mu} = B_{\sigma\tau}。 \tag{61}$$

$A_{\mu\sigma\tau}^{\mu}$的张量特性决定$B_{\sigma\tau}$的张量特性。证明:

$$A_{\mu\sigma\tau}^{\mu}{}' = \frac{\partial x_\alpha}{\partial x'_\mu}\frac{\partial x'_\mu}{\partial x_\beta}\frac{\partial x_s}{\partial x'_\sigma}\frac{\partial x_t}{\partial x'_\tau}A_{\alpha st}^{\beta}$$

$$= \frac{\partial x_s}{\partial x'_\sigma} \frac{\partial x_t}{\partial x'_\tau} A^\alpha_{\alpha st}。$$

张量的对称性与斜称性（相对于相同特性的指标而言）与在狭义相对论中的一样，也有着同样的意义。

至此，有关张量代数性质的所有基本内容都已叙述过了。

基本张量 根据 ds^2 对于任意选择的 dx_ν 都是不变量，再考虑到与（55）式相一致的对称性条件，可以知道 $g_{\mu\nu}$ 是对称协变张量（基本张量）的分量。构造 $g_{\mu\nu}$ 的行列式 g，以及不同的 $g_{\mu\nu}$ 对应的余子式，并除以 g。把这些除以 g 以后的余因子记作 $g^{\mu\nu}$，但是现在还并不知道它的协变特性。这样就有

$$g_{\mu\alpha}g^{\mu\beta} = \delta^\beta_\alpha = \begin{cases} 1 & \text{如果} \alpha = \beta \\ 0 & \text{如果} \alpha \neq \beta \end{cases} \qquad (62)$$

如果我们构造一个无穷小量（协变矢量）

$$\mathrm{d}\xi_\mu = g_{\mu\alpha}\mathrm{d}x_\alpha, \qquad (63)$$

然后乘以 $g^{\mu\beta}$，并对 μ 指标求和，那么利用（62）式我们得到

$$\mathrm{d}x_\beta = g^{\beta\mu}\mathrm{d}\xi_\mu。 \qquad (64)$$

因为这些 $\mathrm{d}\xi_\mu$ 之比是任意的，而且 $\mathrm{d}x_\beta$ 和 $\mathrm{d}\xi_\mu$ 都是矢量的分量，所以 $g^{\mu\nu}$

是反变张量(反变基本张量)的分量*。通过(62)式,也相应可以得到 δ_α^β(混合基本张量)的张量特性。利用基本张量,我们可以引入具有反变指标特性的张量来代替具有协变指标特性的张量,反之亦然。例如:

$$A^\mu = g^{\mu\alpha} A_\alpha$$
$$A_\mu = g_{\mu\alpha} A^\alpha$$
$$T_\mu^{\ \sigma} = g^{\sigma\nu} T_{\mu\nu}$$

体积不变量　体积元

$$\int dx_1 dx_2 dx_3 dx_4 = dx$$

不是不变量。因为根据雅可比定理,

$$dx' = \left| \frac{dx'_\mu}{dx_\nu} \right| dx。 \tag{65}$$

但是我们可以为 dx 补充一些东西,从而使它成为不变量。如果我们

---

* 如果我们用 $\frac{\partial x'_\alpha}{\partial x_\beta}$ 乘以(64)式,并对 β 指标求和,然后用一个到带撇的坐标系的变换来替换 $d\xi_\mu$,则可以得到

$$dx'_\alpha = \frac{\partial x'_\sigma}{\partial x_\mu} \frac{\partial x'_\alpha}{\partial x_\beta} g^{\mu\beta} d\xi'_\sigma。$$

上面的陈述乃基于以下原因:由(64)式我们也必须有 $dx'_\alpha = g^{\sigma\alpha'} d\xi'_\sigma$,而且两个方程必须对于每一个 $d\xi'_\sigma$ 的选择都成立。

构造量

$$g'_{\mu\nu} = \frac{\partial x_\alpha}{\partial x'_\mu} \frac{\partial x_\beta}{\partial x'_\nu} g_{\alpha\beta}$$

的行列式,那么两次利用行列式的乘法定理,可以得到

$$g' = \left| g'_{\mu\nu} \right| = \left| \frac{\partial x_\nu}{\partial x'_\mu} \right|^2 \cdot \left| g_{\mu\nu} \right| = \left| \frac{\partial x'_\mu}{\partial x_\nu} \right|^{-2} g \text{。}$$

从而得到不变量

$$\sqrt{g'}\,\mathrm{d}x' = \sqrt{g}\,\mathrm{d}x \text{。}$$

通过微分构造张量　尽管前面已经证明,形成张量的代数运算与线性正交变换下不变量理论的特殊情况是同样简单的,但遗憾的是,在普遍情况下,不变量的微分运算比特殊情况复杂得多。原因如下:如果 A^μ 是反变矢量,那么只有当变换是线性变换时,其变换系数 $\frac{\partial x'_\mu}{\partial x_\nu}$ 才与位置无关。于是在邻近点处的矢量分量 $A^\mu + \frac{\partial A^\mu}{\partial x_\alpha}\mathrm{d}x_\alpha$ 以与 A^μ 同样的方式变换,这表明矢量的微分具有矢量特性,而 $\frac{\partial A^\mu}{\partial x_\alpha}$ 具有张量特性。但如果 $\frac{\partial x'_\mu}{\partial x_\nu}$ 是变量,那么上述结论不再成立。

在普遍情况下仍然存在张量的不变量微分运算,这可以极为满意地由下述方法得到,这一方法由莱维–齐维塔和外尔(Weyl)引入。

令(A^μ)为反变矢量,它在x_ν坐标系中的分量已经给出。设P_1和P_2是连续统中无限接近的两点。按照我们考虑问题的方式,对于P_1点周围的一个无穷小区域,存在一个坐标系X_ν(有着虚的X_4坐标),在这个坐标系下,连续统是欧几里得的。令$A^\mu_{(1)}$为该矢量在P_1点的坐标。设想在局域坐标系X_ν中,用同样的坐标通过点P_2作一个矢量(通过P_2的平行矢量),则这个平行矢量由P_1点处的矢量以及位移所唯一确定。我们把这个操作(它的唯一性我们后面会证明)称为矢量(A^μ)*从点P_1到与它无限邻近的邻点P_2的平移(parallel displacement)。如果我们把P_2点处的矢量(A^μ)与从P_1到P_2的平移所得到的矢量相减,所得的矢量差是一个矢量,它可以被看作是矢量(A^μ)对于给定位移$(\mathrm{d}x_\nu)$的微分。

在坐标系x_ν里,也可以很自然地考察这个矢量位移。如果A^ν是矢量在P_1点的坐标,$A^\nu + \delta A^\nu$为该矢量沿着间隔$(\mathrm{d}x_\nu)$移到P_2点时的坐标,则δA^ν此时不为零。我们知道,这些不具有张量性质的量,必须对于$\mathrm{d}x_\nu$和A^ν是线性齐次的。故我们令

$$\delta A^\nu = - \varGamma^\nu_{\alpha\beta} A^\alpha \mathrm{d}x_\beta \,。 \qquad (67)^{**}$$

此外,我们还可以指出,$\varGamma^\nu_{\alpha\beta}$对于指标$\alpha$和$\beta$必定是对称的。因为借助于局域欧几里得坐标系,可以假设元素$\mathrm{d}^{(1)}x_\nu$沿另一元素$\mathrm{d}^{(2)}x_\nu$的位移以及$\mathrm{d}^{(2)}x_\nu$沿$\mathrm{d}^{(1)}x_\nu$的位移构成同一个平行四边形。因此就有:

$$\mathrm{d}^{(2)}x_\nu + (\mathrm{d}^{(1)}x_\nu - \varGamma^\nu_{\alpha\beta}\, \mathrm{d}^{(1)}x_\alpha \mathrm{d}^{(2)}x_\beta)$$

---

* 英文版误为A_μ。——译者

** 原书未标明(66)式。——译者

$$= \mathrm{d}^{(1)}x_\nu + (\mathrm{d}^{(2)}x_\nu - \Gamma_{\alpha\beta}^{\ \nu}\,\mathrm{d}^{(2)}x_\alpha \mathrm{d}^{(1)}x_\beta)。$$

这个陈述由将右边的求和指标 α, β 交换后所得。

由于 $g_{\mu\nu}$ 诸量确定连续统的所有度规性质，所以它们也必须确定 $\Gamma_{\alpha\beta}^{\ \nu}$。考虑由矢量 A^ν 构成的不变量（即它的大小的平方）

$$g_{\mu\nu}A^\mu A^\nu,$$

它是不变量，在平移后不应当改变。于是我们有：

$$0 = \delta(g_{\mu\nu}A^\mu A^\nu) = \frac{\partial g_{\mu\nu}}{\partial x_\alpha}A^\mu A^\nu \mathrm{d}x_\alpha + g_{\mu\nu}A^\mu \delta A^\nu + g_{\mu\nu}A^\nu \delta A^\mu,$$

或者由（67）式有：

$$\left(\frac{\partial g_{\mu\nu}}{\partial x_\alpha} - g_{\mu\beta}\Gamma_{\nu\alpha}^{\ \beta} - g_{\nu\beta}\Gamma_{\mu\alpha}^{\ \beta}\right)A^\mu A^\nu \mathrm{d}x_\alpha = 0。$$

由于括号里的式子关于指标 μ 和 ν 对称，所以只有当这个式子对于所有的指标对都为 0 时，上面的方程才能对任意选择的矢量 (A^μ) 和 $\mathrm{d}x_\nu$ 成立。通过循环交换指标 μ, ν, α，我们一共可以得到三个方程，利用这三个方程，并且考虑到 $\Gamma_{\mu\nu}^{\ \alpha}$ 的对称性，我们得到

$$\begin{bmatrix} \mu\nu \\ \alpha \end{bmatrix} = g_{\alpha\beta}\Gamma_{\mu\nu}^{\ \beta}, \tag{68}$$

其中利用了克里斯托费尔(Christoffel)所引入的简写符号

$$\begin{bmatrix} \mu\nu \\ \alpha \end{bmatrix} = \frac{1}{2}\left(\frac{\partial g_{\mu\alpha}}{\partial x_\nu} + \frac{\partial g_{\nu\alpha}}{\partial x_\mu} - \frac{\partial g_{\mu\nu}}{\partial x_\alpha} \right)。 \qquad (69)$$

如果用 $g^{\alpha\sigma}$ 乘以(68)式,并且对 α 求和,我们得到

$$\Gamma^\sigma_{\mu\nu} = \frac{1}{2} g^{\sigma\alpha}\left(\frac{\partial g_{\mu\alpha}}{\partial x_\nu} + \frac{\partial g_{\nu\alpha}}{\partial x_\mu} - \frac{\partial g_{\mu\nu}}{\partial x_\alpha} \right)$$

$$= \begin{Bmatrix} \mu\nu \\ \sigma \end{Bmatrix}。 \qquad (70)$$

这里的 $\begin{Bmatrix} \mu\nu \\ \sigma \end{Bmatrix}$ 称为第二类克里斯托费尔符号。这样,我们由 $g_{\mu\nu}$ 导出 Γ 诸量。方程(67)和(70)是下面讨论的基础。

张量的协变微分 如果 $(A^\mu + \delta A^\mu)$ 是从 P_1 到 P_2 的无穷小平移所得的矢量,而 $(A^\mu + dA^\mu)$ 是在 P_2 点的矢量 A^μ,那么两者之差

$$dA^\mu - \delta A^\mu = \left(\frac{\partial A^\mu}{\partial x_\sigma} + \Gamma^\mu_{\sigma\alpha} A^\alpha \right) dx_\sigma$$

也是矢量。由于这是对于 dx_σ 可以任意选择的情况,因此可得

$$A^\mu_{;\sigma} = \frac{\partial A^\mu}{\partial x_\sigma} + \Gamma^\mu_{\sigma\alpha} A^\alpha \qquad (71)$$

是张量,我们把它称为1秩张量(矢量)的协变导数。对这一张量进行缩并,我们得到反变张量 A^μ 的散度。在此必须注意到,根据(70)式有

$$\Gamma^{\sigma}_{\mu\sigma} = \frac{1}{2} g^{\sigma\alpha} \frac{\partial g_{\sigma\alpha}}{\partial x_\mu} = \frac{1}{\sqrt{g}} \frac{\partial \sqrt{g}}{\partial x_\mu} \text{。} \quad (72)$$

如果进一步令

$$A^\mu \sqrt{g} = \mathfrak{A}^\mu \quad (73)$$

(外尔将其称为1秩反变张量密度*),可得

$$\mathfrak{A} = \frac{\partial \mathfrak{A}^\mu}{\partial x_\mu} \quad (74)$$

就是标量密度。

通过规定平移保持标量

$$\phi = A^\mu B_\mu$$

不变,进而

$$A^\mu \delta B_\mu + B_\mu \delta A^\mu$$

---

* 因为 $A^\mu \sqrt{g}\ \mathrm{d}x = \mathfrak{A}^\mu \mathrm{d}x$ 具有张量特性,这种表示是很合理的。一个张量在乘以 $\sqrt{g}$ 之后就变成了张量密度,我们用大写的哥特体字母表示张量密度。

对于(A^{μ})的所有指定值均为0,我们得到协变矢量B_{μ}平移的定律。于是我们得到

$$\delta B_{\mu} = \Gamma^{\alpha}_{\mu\sigma} A_{\alpha} \mathrm{d}x_{\sigma} 。 \tag{75}$$

这样,按照与得到(71)式相同的步骤,我们也可以得到协变矢量的协变导数:

$$B_{\mu;\sigma} = \frac{\partial B_{\mu}}{\partial x_{\sigma}} - \Gamma^{\alpha}_{\mu\sigma} B_{\alpha} 。 \tag{76}$$

通过交换指标μ和σ,并且相减,我们得到斜称张量

$$\phi_{\mu\sigma} = \frac{\partial B_{\mu}}{\partial x_{\sigma}} - \frac{\partial B_{\sigma}}{\partial x_{\mu}} 。 \tag{77}$$

2秩或更高秩张量的协变微分,也可以按照与导出(75)式相同的步骤得到。例如,令($A_{\sigma\tau}$)为2秩协变张量,如果E和F皆是矢量,那么$A_{\sigma\tau}E^{\sigma}F^{\tau}$就是标量。这个表达式在$\delta$位移($\delta$-displacement)下应当不变。将其表示成公式,利用(67)式,我们得到$\delta A_{\sigma\tau}$,进而得到我们想要的协变导数:

$$A_{\sigma\tau;\rho} = \frac{\partial A_{\sigma\tau}}{\partial x_{\rho}} - \Gamma^{\alpha}_{\sigma\rho} A_{\alpha\tau} - \Gamma^{\alpha}_{\tau\rho} A_{\sigma\alpha} 。 \tag{78}$$

为了能更清楚地看出张量协变微分的普遍定律,我们写出用类

似的方法导出的两个协变导数：

$$A^{\tau}_{\sigma;\rho} = \frac{\partial A^{\tau}_{\sigma}}{\partial x_{\rho}} - \Gamma^{\alpha}_{\sigma\rho} A^{\tau}_{\alpha} + \Gamma^{\tau}_{\alpha\rho} A^{\alpha}_{\sigma}。 \tag{79}$$

$$A^{\sigma\tau}_{;\rho} = \frac{\partial A^{\sigma\tau}}{\partial x_{\rho}} + \Gamma^{\sigma}_{\alpha\rho} A^{\alpha\tau} + \Gamma^{\tau}_{\alpha\rho} A^{\sigma\alpha}。 \tag{80}$$

现在，形成协变微分的普遍定律就很清楚了。利用这些公式，我们还要导出其他一些公式，而这些公式对于这个理论的物理应用是很有意义的。

当 $A_{\sigma\tau}$ 是斜称张量时，通过指标轮换，并且相加，我们得到张量

$$A_{\sigma\tau\rho} = \frac{\partial A_{\sigma\tau}}{\partial x_{\rho}} + \frac{\partial A_{\tau\rho}}{\partial x_{\sigma}} + \frac{\partial A_{\rho\sigma}}{\partial x_{\tau}}, \tag{81}$$

它对于每一对指标都是斜称的。

如果在（78）式中用基本张量 $g_{\sigma\tau}$ 代替 $A_{\sigma\tau}$，则其右边就恒为 0；对于（80）式，相对于 $g^{\sigma\tau}$ 也有类似的陈述。这就是说，基本张量的协变导数为 0。从局域坐标系中，我们可以直接看出，上述结论一定成立。

如果 $A^{\sigma\tau}$ 是斜称的，那么通过对（80）式中指标 τ 和 ρ 进行缩并，我们得到

$$\mathfrak{A}^{\sigma} = \frac{\partial \mathfrak{A}^{\sigma\tau}}{\partial x_{\tau}}。 \tag{82}$$

在普遍情况下,由(79)式和(80)式,将指标τ和ρ进行缩并,我们得到方程

$$\mathfrak{A}_\sigma = \frac{\partial \mathfrak{A}_\sigma^\alpha}{\partial x_\alpha} - \Gamma_{\alpha\beta}^\mu \, \mathfrak{A}_\alpha^\beta \tag{83}$$

$$\mathfrak{A}^\sigma = \frac{\partial \mathfrak{A}^{\sigma\alpha}}{\partial x_\alpha} + \Gamma_{\alpha\beta}^\sigma \, \mathfrak{A}^{\alpha\beta} \, 。 \tag{84}$$

黎曼张量　在连续统中,如果给定一条从P点延伸到G点的曲线,则P点处给出的矢量A^μ可以沿着这条曲线通过平移运动到G点。如果是欧几里得连续统(更普遍地讲,如果通过对坐标系的适当选择,使$g_{\mu\nu}$变成常量),那么这一位移在G点所得的矢量就与连接点P和点G的曲线的选择无关。否则,这个结果就有赖于位移的路径。因此,在这种情况下,矢量从闭合曲线上的点P沿着闭合曲线移动并回到点P时,将会有一个改变量ΔA^μ(方向上的改变,而不是大小上的改变)。现在,我们就来计算这个矢量的改变量:

$$\Delta A^\mu = \oint \delta A^\mu \, 。$$

与关于矢量沿闭合曲线的线积分的斯托克斯定理(Stokes' theorem)中一样,这个问题可以约化成在一段无穷小线度的闭合曲线上的积分。我们下面的讨论就限于这种情况。

首先,由(67)式,我们有

$$\Delta A^\mu = -\oint \Gamma_{\alpha\beta}^\mu \, A^\alpha \mathrm{d}x_\beta 。$$

这里，$\Gamma_{\alpha\beta}^{\mu}$ 是这个量在积分路径上的可变点 G 处的值。如果我们令

$$\xi^{\mu} = \left(x_{\mu}\right)_G - \left(x_{\mu}\right)_P$$

并且用 $\overline{\Gamma_{\alpha\beta}^{\mu}}$ 表示 $\Gamma_{\alpha\beta}^{\mu}$ 在 P 点处的值，那么以足够的精度，我们有

$$\Gamma_{\alpha\beta}^{\mu} = \overline{\Gamma_{\alpha\beta}^{\mu}} + \overline{\frac{\partial\Gamma_{\alpha\beta}^{\mu}}{\partial x_{\nu}}} \xi^{\nu}。$$

我们进一步令 A^{α} 为 $\overline{A^{\alpha}}$ 沿着从 P 点到 G 点的曲线平移后的值。现在，可以很容易地由(67)式证明，$A^{\mu} - \overline{A^{\mu}}$ 是一阶无穷小，而对于一条具有一阶无穷小线度的曲线，ΔA^{μ} 是二阶无穷小。因此，如果我们令

$$A^{\alpha} = \overline{A^{\alpha}} - \overline{\Gamma_{\sigma\tau}^{\alpha}} \ \overline{A^{\sigma}} \ \overline{\xi^{\tau}},$$

那么只存在二阶的误差。

如果把这些 $\Gamma_{\alpha\beta}^{\mu}$ 和 A^{α} 的值代入到积分式里，略去所有高于二阶的小量，则我们得到

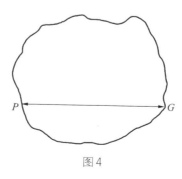

图4

$$\Delta A^{\mu} = - \left(\frac{\partial \Gamma^{\mu}_{\sigma\beta}}{\partial x_{\alpha}} - \Gamma^{\mu}_{\rho\beta} \Gamma^{\rho}_{\sigma\alpha} \right) A^{\sigma} \oint \xi^{\alpha} \mathrm{d}\xi^{\beta} \, 。 \qquad (85)$$

从积分号下移出的量是指它们在 P 点处的值。在积分号中减去 $\frac{1}{2} \mathrm{d}(\xi^{\alpha}\xi^{\beta})$，我们得到

$$\frac{1}{2} \oint (\xi^{\alpha}\mathrm{d}\xi^{\beta} - \xi^{\beta}\mathrm{d}\xi^{\alpha}) \, 。$$

这个 2 秩斜称张量 $f^{\alpha\beta}$ 表征的是被曲线包围着的面元的大小和位置。如果(85)式中括号里的量对于指标 α 和 β 是斜称的，那么我们就可以由(85)式得出它的张量特性。把(85)式中的求和指标 α 与 β 互换，然后把所得的方程加到(85)式上，这就可以实现。我们有

$$2\Delta A^{\mu} = - R^{\mu}_{\sigma\alpha\beta} A^{\sigma} f^{\alpha\beta} \qquad (86)$$

其中

$$R^{\mu}_{\sigma\alpha\beta} = - \frac{\partial \Gamma^{\mu}_{\sigma\alpha}}{\partial x_{\beta}} + \frac{\partial \Gamma^{\mu}_{\sigma\beta}}{\partial x_{\alpha}} + \Gamma^{\mu}_{\rho\alpha} \Gamma^{\rho}_{\sigma\beta} - \Gamma^{\mu}_{\rho\beta} \Gamma^{\rho}_{\sigma\alpha} \, 。 \qquad (87)$$

$R^{\mu}_{\sigma\alpha\beta}$ 的张量特性来自(86)式。这就是 4 秩黎曼曲率张量(Riemann curvature tensor)，对于它的对称性，我们这里无须深入研究。一个连续统是欧几里得连续统的充分条件，是黎曼曲率张量等于 0 (无须考虑所选坐标系的实际意义)。

对黎曼曲率张量的指标μ和β进行缩并，我们得到2秩对称张量

$$R_{\mu\nu} = -\frac{\partial \Gamma_{\mu\nu}^{\alpha}}{\partial x_{\alpha}} + \Gamma_{\mu\beta}^{\alpha}\Gamma_{\nu\alpha}^{\beta} + \frac{\partial \Gamma_{\mu\alpha}^{\alpha}}{\partial x_{\nu}} - \Gamma_{\mu\nu}^{\alpha}\Gamma_{\alpha\beta}^{\beta}。 \tag{88}$$

如果选择坐标系使g=常量，那么上式中的最后两项化为0。利用$R_{\mu\nu}$，我们可以构造标量

$$R = g^{\mu\nu}R_{\mu\nu}。 \tag{89}$$

最直线（测地线） 可以通过逐次平移线元来构造一条曲线。这是对欧几里得几何中直线的自然推广。对于这样的曲线，我们有

$$\delta\left(\frac{\mathrm{d}x_{\mu}}{\mathrm{d}s}\right) = -\Gamma_{\alpha\beta}^{\mu}\frac{\mathrm{d}x_{\alpha}}{\mathrm{d}s}\,\mathrm{d}x_{\beta}。$$

用$\dfrac{\mathrm{d}^2 x_{\mu}}{\mathrm{d}s^2}$代替左边的项*，我们得到

$$\frac{\mathrm{d}^2 x_{\mu}}{\mathrm{d}s^2} + \Gamma_{\alpha\beta}^{\mu}\frac{\mathrm{d}x_{\alpha}}{\mathrm{d}s}\frac{\mathrm{d}x_{\beta}}{\mathrm{d}s} = 0。 \tag{90}$$

如果寻求使两点间的积分

---

* 所考察的每一点的方向矢量，都可以通过沿线元（$\mathrm{d}x_{\beta}$）的平移而成为曲线上邻近点的方向矢量。

$$\int ds \text{ 或 } \int \sqrt{g_{\mu\nu}dx_{\mu}dx_{\nu}}$$

有稳定值的曲线（测地线），我们得到同一曲线。

广义相对论(续)

现在,我们已经具备了表述广义相对论定律所需要的数学工具。这里我并不打算对它进行系统完备的表述,只想在已有的知识和结果的基础上,逐步得到各个结果以及各种可能性。这样的一种表述方法,对于我们目前的知识状况来说,是非常适合的。

不受外力作用的质点,根据惯性原理,要做匀速直线运动。在狭义相对论的四维连续统中(具有实的时间坐标),这是一条真正的直线。而在不变量的广义理论(黎曼理论)中,直线最自然也即最简单的有意义的推广,便是最直线或者测地线。于是,我们还必须假定在等效原理的意义上,只受惯性和引力作用的质点由方程

$$\frac{\mathrm{d}^2 x_\mu}{\mathrm{d}s^2} + \Gamma^\mu_{\alpha\beta} \frac{\mathrm{d}x_\alpha}{\mathrm{d}s} \frac{\mathrm{d}x_\beta}{\mathrm{d}s} = 0 \qquad (90)$$

所描述。实际上,当引力场的所有分量 $\Gamma^\mu_{\alpha\beta}$ 都为0时,这个方程约化成直线方程。

这些方程如何与牛顿运动方程相联系呢?根据狭义相对论,$g_{\mu\nu}$ 以及 $g^{\mu\nu}$ 在惯性系(具有实的时间坐标,并且适当地选取 $\mathrm{d}s^2$ 的正负号)

中的值为：

$$\left.\begin{array}{cccc} -1 & 0 & 0 & 0 \\ 0 & -1 & 0 & 0 \\ 0 & 0 & -1 & 0 \\ 0 & 0 & 0 & 1 \end{array}\right\} \qquad (91)$$

于是，运动方程变为

$$\frac{\mathrm{d}^2 x_\mu}{\mathrm{d}s^2} = 0 \text{。}$$

我们称之为对 $g_{\mu\nu}$ 场的"一阶近似"（first approximation）。在考虑近似的情况下，采用虚的 x_4 坐标往往很有用处（如同在狭义相对论中所做的那样），此时 $g_{\mu\nu}$ 的一阶近似值为

$$\left.\begin{array}{cccc} -1 & 0 & 0 & 0 \\ 0 & -1 & 0 & 0 \\ 0 & 0 & -1 & 0 \\ 0 & 0 & 0 & -1 \end{array}\right\} \qquad (91a)$$

这些值可以归结为如下关系：

$$g_{\mu\nu} = -\delta_{\mu\nu} \text{。}$$

则对于二阶近似（second approximation），我们必须令

$$g_{\mu\nu} = -\delta_{\mu\nu} + \gamma_{\mu\nu}, \tag{92}$$

其中 $\gamma_{\mu\nu}$ 应被视为一阶小量。

这样,运动方程中的两项都是一阶小量。如果略去那些相对于这些项是一阶小量的项,那么我们必须令

$$ds^2 = -dx_\nu^2 = dl^2(1-q^2) \tag{93}$$

$$\Gamma_{\alpha\beta}^{\mu} = -\delta_{\mu\sigma}\begin{bmatrix}\alpha\beta\\\sigma\end{bmatrix} = -\begin{bmatrix}\alpha\beta\\\mu\end{bmatrix}$$

$$= \frac{1}{2}\left(\frac{\partial\gamma_{\alpha\beta}}{\partial x_\mu} - \frac{\partial\gamma_{\alpha\mu}}{\partial x_\beta} - \frac{\partial\gamma_{\beta\mu}}{\partial x_\alpha}\right)\text{。} \tag{94}$$

现在,我们要引入第二种近似。设质点的运动速度远远小于光速。此时 ds 就等于时间微分 dl。进而,$\dfrac{dx_1}{ds}$,$\dfrac{dx_2}{ds}$,$\dfrac{dx_3}{ds}$ 与 $\dfrac{dx_4}{ds}$ 相比,都可以忽略不计。另外,我们假设引力场随时间变化很小,这样 $\gamma_{\mu\nu}$ 关于 x_4 的导数项也可以略去。因此,运动方程(对于 $\mu = 1,2,3$)约化成

$$\frac{d^2x_\mu}{dl^2} = \frac{\partial}{\partial x_\mu}\left(\frac{\gamma_{44}}{2}\right)\text{。} \tag{90a}$$

如果把 $\left(\dfrac{\gamma_{44}}{2}\right)$ 看作是引力场的势,那么这个方程就与质点在引力场中的牛顿运动方程等同。能否这样做,自然取决于引力场方程,也就是说,取决于这个量在一阶近似下是否与牛顿理论中的引力势满足同样的场的定律。比较一下(90)式和(90a)式,就会看到 $\Gamma_{\alpha\beta}^{\mu}$ 实际上

确实扮演着引力场强度的角色。这些量不具有张量特性。

方程组(90)表述了惯性和引力对质点的影响。惯性和引力的统一,在形式上可由下面的事实来表述:(90)式中等号的整个左边具有张量特性(对于任意的坐标变换),但是这两项分开来却不具有张量特性。与牛顿方程相类似,第一项可以看作表示惯性的项,而第二项则表示引力。

我们下一步要做的,是找到引力场定律。为了达到这一目的,我们以牛顿理论中的泊松方程(Poisson's equation)

$$\Delta\phi = 4\pi K\rho$$

作为范例。泊松方程是建立在有质量物质(ponderable matter)的密度ρ会产生引力场这一思想上的。在广义相对论中,它也应当如此。但我们的狭义相对论研究已经指出,应当用单位体积的能量张量来代替物质密度标量。单位体积的能量张量不仅包括有质量物质的能量张量,而且包括电磁能量张量。我们确实已经看到,在更完备的分析中,能量张量只能被看作一种用来描述物质的临时方式。实际上,物质是由带电粒子构成的,它本身也应当被看作电磁场的一部分(实际上是主要的部分)。只是由于我们对密集电荷的电磁场缺乏足够的了解,才迫使我们暂时放弃在表述理论时确定这个张量的真正形式。从这个角度来讲,引入一个结构未知的2秩张量$T_{\mu\nu}$目前是很合适的,这个张量暂时把有质量物质的能量密度和电磁场的能量密度合二为一了,在下面的叙述中,我们将把它称为"物质的能量张量"。

根据我们前面的结果,动量和能量原理可以由这个张量的散度为0这一陈述[(47c)式]来表示。在广义相对论中,我们将不得不假定相应的广义协变方程成立。如果($T_{\mu\nu}$)表示物质的协变能量张量,

$\mathfrak{T}_\sigma^\alpha$ 表示相应的混合张量密度,那么为了与(83)式相一致,必须要求

$$0 = \frac{\partial \mathfrak{T}_\sigma^{\ \alpha}}{\partial x_\alpha} - \Gamma^\alpha_{\sigma\beta}\, \mathfrak{T}_\alpha^{\ \beta} \qquad (95)$$

得到满足。必须记住,除了要有物质的能量密度以外,还必须要有引力场的能量密度,所以不能仅仅谈及物质的能量与动量守恒原理。在数学上是通过(95式)中的第二项来表述这一点的,它使我们无法推断形式为(49)式的积分方程的存在性。引力场通过对"物质"施加力的作用和赋予其能量,而把能量和动量传递给物质,这可由(95)式中的第二项来表述。

如果在广义相对论中也存在着一个与泊松方程类似的方程,那么这个方程必定是关于引力势张量 $g_{\mu\nu}$ 的一个张量方程,物质的能量张量必须出现在这个方程的右边。而在方程的左边,必须是关于 $g_{\mu\nu}$ 的一个微分张量。我们不得不找出这个微分张量。它完全由下面三个条件来确定:

1. 它不含有关于 $g_{\mu\nu}$ 的二阶以上的微分系数。

2. 它对于这些二阶微分系数必须是线性的。

3. 它的散度必须恒为0。

可以很自然地从泊松方程得到上述条件中的前两个。因为可以从数学上证明,所有这些张量微分都可以用代数的方法(即无需微分)从黎曼张量得到,所以我们的张量必须具有以下形式:

$$R_{\mu\nu} + a g_{\mu\nu} R,$$

这里的 $R_{\mu\nu}$ 和 R 分别由(88)式和(89)式定义。可以进一步证明,第三

个条件要求 a 的值为 $-\dfrac{1}{2}$。这样,我们就得到了表述引力场定律的方程

$$R_{\mu\nu} - \frac{1}{2}\,g_{\mu\nu}\,R = -\kappa T_{\mu\nu}。 \tag{96}$$

方程(95)是这个方程的一个结果。κ 是一个与牛顿引力常量相关的常量。

接下来,我将讨论该理论从物理学的角度上看有意义的一些性质,并将尽可能少用比较复杂的数学方法。首先,需要证明上式等号左边的散度实际上为0。利用(83)式,可以把物质的能量原理表述成

$$0 = \frac{\partial \mathfrak{T}^{\alpha}_{\sigma}}{\partial x_{\alpha}} - \Gamma^{\alpha}_{\sigma\beta}\,\mathfrak{T}^{\beta}_{\alpha} \tag{97}$$

其中

$$\mathfrak{T}^{\alpha}_{\sigma} = T_{\sigma\tau}\,g^{\tau\alpha}\sqrt{-g}\,。$$

对(96)式中等号左边的项采用类似的处理方法,将得到一个恒等式。

在每一个世界点(world-point)的周围,都存在这样一些坐标系,对于这些坐标系(其中 x_4 坐标选为虚数),在给定点处有

$$g_{\mu\nu} = g^{\mu\nu} = -\delta_{\mu\nu}\begin{cases} = -1 & \text{如果 } \mu = \nu \\ = 0 & \text{如果 } \mu \neq \nu, \end{cases}$$

而且 $g_{\mu\nu}$ 和 $g^{\mu\nu}$ 的一阶导数在该点处都为 0。下面我们将证明在这一点处,方程(96)式左边的项的散度为 0。由于分量 $\Gamma^\sigma_{\alpha\beta}$ 在该点为 0,所以我们只需证明

$$\frac{\partial}{\partial x_\sigma}\left[\sqrt{-g}\,g^{\nu\sigma}\left(R_{\mu\nu}-\frac{1}{2}\,g_{\mu\nu}R\right)\right]$$

等于 0。如果把(88)式和(70)式代入这一表达式,就会发现只有那些含有 $g_{\mu\nu}$ 的三次导数的项还存在。因为要用 $-\delta_{\mu\nu}$ 来代替 $g_{\mu\nu}$,所以最后我们只得到一些显然可以相互抵消的项。由于我们所构造的量具有张量特性,所以可以证明,它在其他任何坐标系中都为 0,而且很自然地,在其他任何四维点(four-dimensional point)上也都为 0。由此可见,物质的能量原理(97)式是场方程(96)的一个数学结果。

为了弄清方程(96)是否符合我们的经验,必须首先看一看它在一阶近似的时候能否得出牛顿理论。为此,我们必须在这些方程中引入各种近似。我们已经知道,欧几里得几何和光速不变原理对于大范围区域(如行星系)在一定近似下成立。如果我们像在狭义相对论中那样,把第四个坐标取为虚数,这就意味着必须令

$$g_{\mu\nu}=-\delta_{\mu\nu}+\gamma_{\mu\nu}。 \tag{98}$$

其中 $\gamma_{\mu\nu}$ 远远小于 1,因而我们可以略去 $\gamma_{\mu\nu}$ 的高次幂及其导数。如果我们这样做,那我们将无法了解引力场的结构,或者宇宙尺度的度规空间的结构,然而我们确实可以了解邻近物质对物理现象的影响。

在采取这一近似之前,我们先对(96)式进行一些变换。用 $g^{\mu\nu}$ 乘以(96)式,并对指标 μ 和 ν 求和;观察由 $g^{\mu\nu}$ 的定义得到的关系

$$g_{\mu\nu}g^{\mu\nu} = 4,$$

我们得到方程

$$R = \kappa g^{\mu\nu}T_{\mu\nu} = \kappa T。$$

如果把 R 的这个值代回到（96）式，就得到

$$R_{\mu\nu} = -\kappa(T_{\mu\nu} - \frac{1}{2}g_{\mu\nu}T) = -\kappa T^*_{\mu\nu}。 \qquad (96a)$$

在作了我们前面所提到的近似之后，就可以得知方程的左边应为：

$$-\frac{1}{2}\left(\frac{\partial^2\gamma_{\mu\nu}}{\partial x_\alpha^2} + \frac{\partial^2\gamma_{\alpha\alpha}}{\partial x_\mu \partial x_\nu} - \frac{\partial^2\gamma_{\mu\alpha}}{\partial x_\nu \partial x_\alpha} - \frac{\partial^2\gamma_{\nu\alpha}}{\partial x_\mu \partial x_\alpha}\right)$$

或

$$-\frac{1}{2}\frac{\partial^2\gamma_{\mu\nu}}{\partial x_\alpha^2} + \frac{1}{2}\frac{\partial}{\partial x_\nu}\left(\frac{\partial\gamma'_{\mu\alpha}}{\partial x_\alpha}\right) + \frac{1}{2}\frac{\partial}{\partial x_\mu}\left(\frac{\partial\gamma'_{\nu\alpha}}{\partial x_\alpha}\right),$$

其中我们已经令

$$\gamma'_{\mu\nu} = \gamma_{\mu\nu} - \frac{1}{2}\gamma_{\sigma\sigma}\delta_{\mu\nu}。 \qquad (99)$$

现在,我们必须注意到方程(96)对于任何坐标系都成立。我们前面所选的是一个比较特殊的坐标系,其中 $g_{\mu\nu}$ 在所考察的区域里与常数 $-\delta_{\mu\nu}$ 只差一个无穷小量。但是由于这一条件在任意的无穷小坐标变换下都满足,所以还可以要求 $\gamma_{\mu\nu}$ 满足另外四个条件,当然这些条件不能与关于 $\gamma_{\mu\nu}$ 数量级的条件相冲突。我们现在假设所选的坐标系能使下面的四个关系

$$0 = \frac{\partial \gamma'_{\mu\nu}}{\partial x_\nu} = \frac{\partial \gamma_{\mu\nu}}{\partial x_\nu} - \frac{1}{2}\frac{\partial \gamma_{\sigma\sigma}}{\partial x_\mu} \qquad (100)$$

得到满足。于是(96a)式取如下形式:

$$\frac{\partial^2 \gamma_{\mu\nu}}{\partial x_\alpha^2} = 2\kappa T^*_{\mu\nu}。 \qquad (96b)$$

这些方程可以用一种类似于电动力学中的推迟势(retarded potential)的方法来求解,从而得到(这里采用了一种便于理解的记法)

$$\gamma_{\mu\nu} = -\frac{\kappa}{2\pi}\int \frac{T^*_{\mu\nu}(x_0,y_0,z_0,t-r)}{r}\,\mathrm{d}V_0。 \qquad (101)$$

为了能够看出这个理论在何种意义上包含了牛顿理论,我们必须更加仔细地考察物质的能量张量。从唯象的角度来考察,这个能量张量在更为狭窄的意义上是由电磁场的能量张量和物质的能量张量构成的。如果依其数量级来考察这个能量张量的不同部分,那么根据狭义相对论的结果,电磁场的贡献与有质量物质的贡献相比

85

实际上为 0。在我们所选的单位制中，1 克物质的能量等于 1，与它相比，电场的能量、物质的形变能、甚至化学能都可以忽略不计。如果我们令

$$\left. \begin{aligned} T^{\mu\nu} &= \sigma \frac{\mathrm{d}x_\mu}{\mathrm{d}s} \frac{\mathrm{d}x_\nu}{\mathrm{d}s} \\ \mathrm{d}s^2 &= g_{\mu\nu} \mathrm{d}x_\mu \mathrm{d}x_\nu \end{aligned} \right\}, \tag{102}$$

那么我们得到对于我们的目的足够充分的近似。在上式中，σ 是静止时的物质密度，也就是在与物质一起运动的伽利略坐标系中，利用单位量杆所测得的通常意义上的有质量物质的密度。

进而，我们注意到，在所选的坐标系里，如果用 $-\delta_{\mu\nu}$ 代替 $g_{\mu\nu}$，那么也只会有一个相对小的误差。于是，我们令

$$\mathrm{d}s^2 = -\sum \mathrm{d}x_\mu^2 \text{。} \tag{102a}$$

不论产生引力场的物质以多快的速度相对于我们所选择的准伽利略坐标系运动，上面的讨论都成立。但是在天文学中，我们所要处理的物质，它们相对于所选坐标系的运动速度总是远远小于光速，即（用我们所选的时间单位）远远小于 1。因此，如果在（101）式中，我们用普通势（非推迟势）来代替推迟势，而且如果对于产生引力场的物质，令

$$\frac{\mathrm{d}x_1}{\mathrm{d}s} = \frac{\mathrm{d}x_2}{\mathrm{d}s} = \frac{\mathrm{d}x_3}{\mathrm{d}s} = 0,$$

$$\frac{\mathrm{d}x_4}{\mathrm{d}s} = \frac{\sqrt{-1}\,\mathrm{d}l}{\mathrm{d}l} = \sqrt{-1} \ , \qquad (103\mathrm{a})^*$$

那么我们得到对于几乎所有的实际目的都足够充分的近似。于是得到 $T^{\mu\nu}$ 和 $T_{\mu\nu}$ 的值为

$$
\left.
\begin{matrix}
0 & 0 & 0 & 0 \\
0 & 0 & 0 & 0 \\
0 & 0 & 0 & 0 \\
0 & 0 & 0 & -\sigma
\end{matrix}
\right\}
\qquad (104)
$$

T 的值就是 σ,最终得到 $T^*_{\mu\nu}$ 的值为

$$
\left.
\begin{matrix}
\dfrac{\sigma}{2} & 0 & 0 & 0 \\[2mm]
0 & \dfrac{\sigma}{2} & 0 & 0 \\[2mm]
0 & 0 & \dfrac{\sigma}{2} & 0 \\[2mm]
0 & 0 & 0 & -\dfrac{\sigma}{2}
\end{matrix}
\right\}
\qquad (104\mathrm{a})
$$

从而由(101)式,我们得到

$$
\left.
\begin{aligned}
\gamma_{11} = \gamma_{22} = \gamma_{33} &= -\frac{\kappa}{4\pi}\int\frac{\sigma\,\mathrm{d}V_0}{r} \\
\gamma_{44} &= +\frac{\kappa}{4\pi}\int\frac{\sigma\,\mathrm{d}V_0}{r}
\end{aligned}
\right\}
\qquad (101\mathrm{a})
$$

---

* 原文未标明(103)式,且将 $\sqrt{-1}\,\mathrm{d}l$ 误排成 $\sqrt{-1}\mathrm{d}l$ 。——译者

而余下的 $\gamma_{\mu\nu}$ 都为 0。最后的这个方程,再加上方程(90a),就包含了牛顿引力理论。如果我们用 ct 代替 l,则得到

$$\frac{\mathrm{d}^2 x_\mu}{\mathrm{d}t^2} = \frac{\kappa c^2}{8\pi} \frac{\partial}{\partial x_\mu} \int \frac{\sigma \mathrm{d}V_0}{r} \, \text{。} \tag{90b}$$

由此可以看出,牛顿引力常量 K 与我们场方程中的常数 κ 有如下的关系:

$$K = \frac{\kappa c^2}{8\pi} \, \text{。} \tag{105}$$

由 K 的已知数值可得

$$\begin{aligned} \kappa &= \frac{8\pi K}{c^2} = \frac{8\pi \cdot 6.67 \cdot 10^{-8}}{9 \cdot 10^{20}} \\ &= 1.86 \cdot 10^{-27} \, \text{。} \end{aligned} \tag{105a}$$

从(101)式我们可以看出,甚至在一阶近似下,引力场的结构也与符合牛顿理论的引力场结构存在着根本的差别。差别就在于引力势具有张量特性而不是标量特性。过去,这所以未被认识到,乃是因为在一阶近似下,质点的运动方程仅仅包含 g_{44} 这一个分量。

现在,为了根据我们的结果考察量杆和时钟的行为,我们必须注意到下述情形。根据等效原理,欧几里得几何的度规关系对于无穷小维度的笛卡儿参考系以及在适当运动状态(自由下落且无旋转)中成立。对于相对这些坐标系有很小加速度的局域坐标系(从而

对于与我们所选择的坐标系相对静止的那些坐标系），我们可以作出同样的陈述。在这样一个局域坐标系中，对于两个相邻的事件点，我们有

$$ds^2 = -dX_1^2 - dX_2^2 - dX_3^2 + dT^2$$
$$= -dS^2 + dT^2,$$

其中 dS 和 dT 可分别由与坐标系相对静止的量杆和时钟直接测得：它们是自然测得的长度和时间。另一方面，已知 ds^2 可用有限区域内的坐标 x_ν 表示为如下形式：

$$ds^2 = g_{\mu\nu} dx_\mu dx_\nu,$$

所以我们有可能得到自然测得的长度和时间（这是一方面）与相应坐标差（这是另一方面）之间的关系。因为空间和时间在两个坐标系中的划分是一致的，所以当我们令线元 ds^2 的两个表达式相等时，得到两个关系式。由（101a）式，若令

$$ds^2 = -\left(1 + \frac{\kappa}{4\pi}\int\frac{\sigma dV_0}{r}\right)(dx_1^2 + dx_2^2 + dx_3^2)$$
$$+ \left(1 - \frac{\kappa}{4\pi}\int\frac{\sigma dV_0}{r}\right)dl^2$$

则在足够近似下，我们可得

$$
\left.
\begin{aligned}
&\sqrt{dX_1^2 + dX_2^2 + dX_3^2} \\
&= \left(1 + \frac{\kappa}{8\pi}\int\frac{\sigma dV_0}{r}\right)\sqrt{dx_1^2 + dx_2^2 + dx_3^2} \\
&dT = \left(1 - \frac{\kappa}{8\pi}\int\frac{\sigma dV_0}{r}\right)dl
\end{aligned}
\right\}
\quad (106)
$$

因此,对于我们所选的坐标系,单位量杆具有坐标长度

$$
1 - \frac{\kappa}{8\pi}\int\frac{\sigma dV_0}{r}。
$$

我们所选择的这一特定坐标系,确保这一长度只与位置有关而与方向无关。若我们另选一个不同的坐标系,则不一定有这样的性质。但是无论我们选择什么坐标系,刚性杆的位形定律都不满足欧几里得几何的有关规律。换句话说,我们不能选择任意一个坐标系,使得无论相应的单位量杆的末端怎样取向,坐标差 $\Delta x_1, \Delta x_2, \Delta x_3$ 将总是满足关系 $\Delta x_1^2 + \Delta x_2^2 + \Delta x_3^2 = 1$。从这个意义上讲,空间不是欧几里得的,而是"弯曲的"。从上述关系第二式可以看出,采用在我们坐标系中所使用的单位,单位时钟($dT = 1$)的两次节拍间的间隔对应于"时间"

$$
1 + \frac{\kappa}{8\pi}\int\frac{\sigma dV_0}{r}。
$$

由此,时钟附近有质量物质的质量越大,则时钟的速率就越慢。因而我们得出结论:在太阳表面产生的光谱与在地球上产生的光谱相

比,将向红色端移动大约其波长的 $2 \cdot 10^{-6}$。初看起来,这个重要的理论结果跟实验不相符,但是最近几年的实验结果却越来越显示出这一效应是可能存在的,几乎毋庸置疑,这一理论结果将在未来几年内得到证实。

广义相对论的另一个可用实验检验的重要结果,与光线的路径有关。在广义相对论中,光速相对于局域惯性系处处相同。光速在我们的自然时间单位中为1。所以,根据广义相对论,光传播定律在广义坐标中可由下式来表述:

$$ds^2 = 0。$$

在我们正使用的近似程度内,在我们所选择的坐标系中,根据(106)式,光速由下式决定:

$$\left(1 + \frac{\kappa}{4\pi}\int\frac{\sigma dV_0}{r}\right)(dx_1^2 + dx_2^2 + dx_3^2)$$

$$= \left(1 - \frac{\kappa}{4\pi}\int\frac{\sigma dV_0}{r}\right)dl^2$$

因而光速 L 在我们的坐标中可以表示为

$$\frac{\sqrt{dx_1^2 + dx_2^2 + dx_3^2}}{dl} = 1 - \frac{\kappa}{4\pi}\int\frac{\sigma dV_0}{r}。 \tag{107}$$

由此我们可以得出结论:光线在经过质量巨大的物体附近时将会发生偏折。如果我们设想太阳(质量为 M)坐落于我们坐标系的原点,那么一条沿着与x_3轴平行方向在与原点相距Δ的x_1—x_3平面上传播的光线将会向太阳偏折,总的偏折量为

$$\alpha = \int_{-\infty}^{+\infty} \frac{1}{L} \frac{\partial L}{\partial x_1} \mathrm{d}x_3 \circ$$

积分后可得

$$\alpha = \frac{\kappa M}{2\pi\Delta} \circ \tag{108}$$

当Δ等于太阳半径时,偏折角达1.7″。1919年,英国日食考察队以显著的精度证实了这种偏折的存在,并为能在1922年的日食中得到更加精确的观测数据而做了最精心的准备。应当注意,这一理论结果同样不受我们任意选择的坐标系的影响。

这里应该讨论广义相对论可以被观测检验的第三个结论,它与水星近日点的运动有关。行星轨道的长期变化已经知道得如此准确,使得我们一直沿用的近似方法将不足以进行理论值与观测值的比较。我们必须回到一般的场方程(96)式。为解决这一难题,我采用逐次近似法。但是,后来施瓦西(Schwarzschild)等人完全解决了中心对称的静态引力场问题;外尔在他的著作《空间、时间、物质》(*Raum-Zeit-Materie*)中给出的推导尤其优美。如果我们不直接回到方程(96),而是以与这一方程等价的变分原理作为依据,那么计算可能会在某种程度上得到简化。我将只对理解该方法必需的步骤做一个简单的介绍。

对于静态场情形,ds^2必定有如下形式:

$$\left.\begin{array}{l} \mathrm{d}s^2 = -\mathrm{d}\sigma^2 + f^2 \mathrm{d}x_4^2 \\ \mathrm{d}\sigma^2 = \sum_{1-3} \gamma_{\alpha\beta} \mathrm{d}x_\alpha \mathrm{d}x_\beta \end{array}\right\} \tag{109}$$

其中第二式的右边仅对空间变量求和。场的中心对称性要求 $\gamma_{\mu\nu}$ 取如下形式：

$$\gamma_{\alpha\beta} = \mu\delta_{\alpha\beta} + \lambda x_\alpha x_\beta。 \tag{110}$$

而 f^2，μ 和 λ 仅是 $r = \sqrt{x_1^2 + x_2^2 + x_3^2}$ 的函数。这三个函数的其中之一可任意选取，因为我们的坐标系是(先验地)完全任意的。做代换：

$$x'_4 = x_4$$
$$x'_\alpha = F(r)x_\alpha$$

后，我们总可以保证这三个函数中有一个能被取为关于 r' 的某个特定函数。不失一般性，我们可将(110)式代之以

$$\gamma_{\alpha\beta} = \delta_{\alpha\beta} + \lambda x_\alpha x_\beta。 \tag{110a}$$

这样 $g_{\mu\nu}$ 可用 λ 和 f 这两个量来表示。将它们代入(96)式，由(109)式和(110a)式计算 $\Gamma_{\mu\nu}^\alpha$ 之后，把它们确定为 r 的函数。我们有

$$\Gamma^{\alpha}_{\alpha\beta} = \frac{1}{2}\frac{x_{\sigma}}{r} \cdot \frac{\lambda' x_{\alpha}x_{\beta} + 2\lambda r\delta_{\alpha\beta}}{1 + \lambda r^2}$$

$$\text{（对于}\alpha,\ \beta,\ \sigma = 1,\ 2,\ 3\text{）}$$

$$\Gamma^{4}_{44} = \Gamma^{\alpha}_{4\beta} = \Gamma^{4}_{\alpha\beta} = 0$$

$$\text{（对于}\alpha,\ \beta = 1,\ 2,\ 3\text{）} \qquad (110b)$$

$$\Gamma^{4}_{4\alpha} = \frac{1}{2}f^{-2}\frac{\partial f^2}{\partial x_{\alpha}},$$

$$\Gamma^{\alpha}_{44} = -\frac{1}{2}g^{\alpha\beta}\frac{\partial f^2}{\partial x_{\beta}}$$

靠这些结果,场方程就提供了施瓦西解(Schwarzschild's solu-
tion):

$$ds^2 = \left(1 - \frac{A}{r}\right)dl^2 - \left[\frac{dr^2}{1 - \dfrac{A}{r}} + r^2(\sin^2\theta d\phi^2 + d\theta^2)\right], \quad (109a)$$

其中我们已令

$$\begin{aligned} x_4 &= l \\ x_1 &= r\sin\theta\sin\phi \\ x_2 &= r\sin\theta\cos\phi \\ x_3 &= r\cos\theta \\ A &= \frac{\kappa M}{4\pi} \end{aligned} \qquad (109b)$$

M 表示太阳的质量,它以中心对称的方式集中分布在坐标原点附近。解(109a)式仅在这一质量之外成立,这时所有 $T_{\mu\nu}$ 为 0。如果行星在 x_1—x_2 平面上运动,那么(109a)式必须改写成

$$ \mathrm{d}s^2 = \left(1 - \frac{A}{r}\right)\mathrm{d}l^2 - \frac{\mathrm{d}r^2}{1 - \dfrac{A}{r}} - r^2\mathrm{d}\phi^2 \text{。} \qquad (109\mathrm{c}) $$

行星运动的计算,依赖于方程(90)。从方程(110b)的第一式和方程(90)可知,对于指标 1,2,3 我们有

$$ \frac{\mathrm{d}}{\mathrm{d}s}\left(x_\alpha \frac{\mathrm{d}x_\beta}{\mathrm{d}s} - x_\beta \frac{\mathrm{d}x_\alpha}{\mathrm{d}s}\right) = 0 \text{。} $$

若对上式积分,并将结果用极坐标系表示,可得

$$ r^2 \frac{\mathrm{d}\phi}{\mathrm{d}s} = 常量 \text{。} \qquad (111) $$

由(90)式,对于 $\mu = 4$,我们有

$$ 0 = \frac{\mathrm{d}^2 l}{\mathrm{d}s^2} + \frac{1}{f^2}\frac{\partial f^2}{\partial x_\alpha}\frac{\mathrm{d}x_\alpha}{\mathrm{d}s}\frac{\mathrm{d}l}{\mathrm{d}s} $$

$$ = \frac{\mathrm{d}^2 l}{\mathrm{d}s^2} + \frac{1}{f^2}\frac{\mathrm{d}f^2}{\mathrm{d}s}\frac{\mathrm{d}l}{\mathrm{d}s} \text{。} $$

由此,对上式两边同乘以 f^2,然后积分,可得

$$f^2 \frac{\mathrm{d}l}{\mathrm{d}s} = 常量。 \tag{112}$$

这样，我们就得到了关于 s, r, l 和 ϕ 四个变量的三个方程（109c）、（111）和（112）。由这三个方程，我们可以按照与经典力学相同的方法来计算行星的运动。我们由此得到的最重要结果是，行星公转的椭圆轨道在缓慢地旋转，其速率以每公转一圈后近日点进动所掠过的弧度为单位计，达

$$\frac{24\pi^3 a^2}{(1-e^2) c^2 T^2}, \tag{113}$$

其中

a = 行星轨道的半长径，单位为厘米。

e = 轨道偏心率的数值。

$c = 3 \cdot 10^{10}$ 厘米/秒，真空中的光速。

T = 公转周期，单位为秒。

这个表达式给出了水星近日点运动问题的解释。这个问题自勒威耶（Leverrier）发现以来已达100年之久，一直没有一个令人满意的理论天文学解释。

用广义相对论表述麦克斯韦电磁场理论并无什么困难，只需要运用张量构造公式（81）、（82）和（77）就行了。设 ϕ_μ 为1秩张量，并解释为四维电磁势，那么电磁场张量可以定义为关系

$$\phi_{\mu\nu} = \frac{\partial \phi_\mu}{\partial x_\nu} - \frac{\partial \phi_\nu}{\partial x_\mu}。 \tag{114}*$$

---

* 英文版中此式误为 $\phi_{\mu\nu} = \frac{\partial \phi_\mu}{\partial x_\mu} - \frac{\partial \phi_\nu}{\partial x_\mu}$。——译者

于是麦克斯韦方程组的第二个方程由此为张量方程

$$\frac{\partial \phi_{\mu\nu}}{\partial x_{\rho}} + \frac{\partial \phi_{\nu\rho}}{\partial x_{\mu}} + \frac{\partial \phi_{\rho\mu}}{\partial x_{\nu}} = 0 \qquad (114a)$$

所定义,麦克斯韦方程组的第一个方程可以用张量密度关系(tensor-density relation)

$$\frac{\partial \widetilde{\mathfrak{F}}^{\mu\nu}}{\partial x_{\nu}} = \widetilde{\mathfrak{F}}^{\mu} \qquad (115)$$

所定义,其中

$$\widetilde{\mathfrak{F}}^{\mu\nu} = \sqrt{-g} \; g^{\mu\sigma} g^{\nu\tau} \phi_{\sigma\tau}$$

$$\widetilde{\mathfrak{F}}^{\mu} = \sqrt{-g} \; \rho \, \frac{\mathrm{d}x_{\mu}}{\mathrm{d}s} \; 。$$

对于 $\widetilde{\mathfrak{F}}^{\mu} = 0$ 这一特殊情形,如果我们把电磁场的能量张量代入(96)式的右边,就可以由(96)式取散度得到(115)式。许多理论工作者都认为这种在广义相对论的框架下包含电学理论的方法过于随意,不令人满意。而且我们也不能用这种方法来理解构成基本带电粒子的电平衡。一个理论,如果引力场和电磁场不是作为逻辑上毫不相同的结构被引入其中,那么它将更为可取。外尔以及近来的卡鲁查(Th. Kaluza)等人沿着这一方向已经提出许多天才的思想。但是我相信,这些思想并未使我们更为接近这个根本性问题的真正解答。我不想在这个问题上深入讨论下去,我只想对所谓的宇宙学问题

(cosmological problem)进行简要讨论。因为在某种意义上讲,缺少这方面的讨论,对广义相对论的考察就不会令人满意。

先前基于场方程(96)的考察,乃是以这样一种观念为基础:空间在整体上是伽利略—欧几里得的,只有当质量嵌入其中,空间的这一特征才被破坏。只要我们在处理天文学最常见的数量级的空间,这个观念当然是合理的。至于宇宙的某些部分(不管这些部分有多大)究竟是不是准欧几里得(quasi-Euclidean)空间,则是完全不同的一个问题。我们可以用曾经多次使用过的曲面论(theory of surfaces)中的一个例子,来讲清楚这一点。如果曲面的某一部分实际上是平坦的,那也并不意味着整个曲面具有平面形式;这个曲面可能只是半径足够大的球面。在相对论建立之前,对于宇宙是否在整体上是非欧几里得(non-Euclidean)空间的问题,人们已经从几何的观点出发做了大量的讨论。但是,有了相对论,这一问题就进入了一个崭新的阶段,因为根据相对论,物体的几何性质不是独立的,而是依赖于质量分布的。

如果宇宙是准欧几里得空间,那么马赫对惯性跟引力一样依赖于物体之间的某种相互作用的思想就彻底错了。因为在这种情况下,对于一个适当选择的坐标系,$g_{\mu\nu}$ 将与它们在狭义相对论中一样,在无穷远处是一个常量,但是在有限的区域内,由于有限区域内的质量的影响,对于适当选择的坐标系,$g_{\mu\nu}$ 就会跟这些常量值有细小的差别。所以空间的物理性质不是完全独立的(即并非不受到物质的影响),不过它们基本上还是独立的,只在很小的程度上受到物质的影响。此种二元论观念(dualistic conception)本身就不能令人满意,何况还有我们将考察的一些重要的物理论点与之相悖。

宇宙是无限的而且在无穷远处是欧几里得的,这一假定从相对论观点来看是一个复杂假定。用广义相对论的语言来说,它要求4秩黎曼张量 R_{iklm} 在无穷远处为0。这提供了20个独立条件,而只有

10个曲率分量 $R_{\mu\nu}$ 进入引力场定律。要求这么强的限制条件却没有任何物理依据,这当然不会令人满意。

但其次,根据相对论的观点,马赫关于惯性依赖于物质的相互作用的思想又似乎是正确的。因为下面我们将证明,根据我们的方程,在惯性相对性(relativity of inertia)的意义上,惯性质量之间的确存在相互作用,即便它是极其微弱的。那么,沿着马赫的思路,又可以得出什么结论呢?

1. 当有质量物体在其附近累积时,物体的惯性必然增大。

2. 当邻近质体被加速时,物体必然受到加速力的作用,且事实上加速力的方向必然与加速度同方向。

3. 中空的物体转动时,在其内部必定产生一个可以使得运动的物体沿转动方向偏转的"科里奥利场"(Coriolis field)和一个径向离心场。

现在我们将证明,根据马赫的思想应当出现的这三个效应,在我们的理论中确实存在,尽管它们的量值非常小,由实验室实验证实它们是不可想象的。为此,我们回到质点的运动方程(90),采用比(90a)式略进一步的近似。

首先,我们把 γ_{44} 当作一阶小量。根据能量方程,在引力作用下运动的质体,其速度的平方也处于同一数量级。因此,我们把所考察的质点的速度和产生引力场的质体的速度都看成是1/2阶小量是合乎逻辑的。现在,我们对由场方程(101)和运动方程(90)而来的方程进行近似处理,考察(90)式中的第二项在那些速度中呈线性的诸项。进一步,我们将不把 ds 和 dl 当作相等的量,而是根据高阶近似,令

$$ ds = \sqrt{g_{44}}\, dl = \left(1 - \frac{\gamma_{44}}{2}\right) dl 。 $$

首先,由(90)式可得

$$\frac{\mathrm{d}}{\mathrm{d}l}\left[\left(1+\frac{\gamma_{44}}{2}\right)\frac{\mathrm{d}x_{\mu}}{\mathrm{d}l}\right] = -\Gamma_{\alpha\beta}^{\mu}\frac{\mathrm{d}x_{\alpha}}{\mathrm{d}l}\frac{\mathrm{d}x_{\beta}}{\mathrm{d}l}\left(1+\frac{\gamma_{44}}{2}\right)。 \quad (116)$$

由(101)式,根据所要求的近似,可得

$$\left.\begin{array}{l} -\gamma_{11} = -\gamma_{22} = -\gamma_{33} = \gamma_{44} = \dfrac{\kappa}{4\pi}\displaystyle\int\dfrac{\sigma \mathrm{d}V_0}{r} \\[4ex] \gamma_{4\alpha} = -\dfrac{i\kappa}{2\pi}\displaystyle\int\dfrac{\sigma\dfrac{\mathrm{d}x_{\alpha}}{\mathrm{d}s}\mathrm{d}V_0}{r} \\[4ex] \gamma_{\alpha\beta} = 0 \end{array}\right\} \quad (117)$$

在(117)式中,α 和 β 仅表示空间指标(space indices)。

我们可以把(116)式右边的 $1+\dfrac{\gamma_{44}}{2}$ 替换成 1,把 $-\Gamma_{\mu}^{\alpha\beta}$ 替换成

$\begin{bmatrix}\alpha\beta \\ \mu\end{bmatrix}$。另外容易看出,在这种近似程度下,我们必须令:

$$\begin{bmatrix}44 \\ \mu\end{bmatrix} = -\frac{1}{2}\frac{\partial\gamma_{44}}{\partial x_{\mu}} + \frac{\partial\gamma_{4\mu}}{\partial x_4}$$

$$\begin{bmatrix}\alpha4 \\ \mu\end{bmatrix} = \frac{1}{2}\left(\frac{\partial\gamma_{4\mu}}{\partial x_{\alpha}} - \frac{\partial\gamma_{4\alpha}}{\partial x_{\mu}}\right)$$

$$\begin{bmatrix}\alpha\beta \\ \mu\end{bmatrix} = 0。$$

其中α,β,μ代表空间指标。因此,使用通常的矢量记号,我们从(116)式得到

$$
\left.
\begin{aligned}
&\frac{\mathrm{d}}{\mathrm{d}l}\left[(1+\overline{\sigma})\mathbf{v}\right]=\operatorname{grad}\overline{\sigma}+\frac{\partial\mathfrak{A}}{\partial l}+\left[\operatorname{curl}\mathfrak{A},\mathbf{v}\right] \\
&\overline{\sigma}=\frac{\kappa}{8\pi}\int\frac{\sigma\mathrm{d}V_0}{r} \\
&\mathfrak{A}=\frac{\kappa}{2\pi}\int\frac{\sigma\dfrac{\mathrm{d}x_\alpha}{\mathrm{d}l}\mathrm{d}V_0}{r}
\end{aligned}
\right\}\quad(118)
$$

现在,运动方程(118)实际上表明:

1. 惯性质量与$1+\overline{\sigma}$成正比,因此,当有质量物体靠近受试物体时,惯性质量会增加。

2. 加速的质量对受试物体有同符号的感应作用(inductive action)。这就是$\frac{\partial\mathfrak{A}}{\partial l}$项。

3. 一个质点若在旋转的中空物体中做垂直于转动轴的运动,那么它将会沿旋转方向发生偏转(科里奥利场)。前面提及的在旋转的中空物体内部的离心作用(centrifugal action),也能够根据广义相对论得到,这已经由梯林(Thirring)证明*。

虽然这三个效应都因为κ实在太小了而很难用实验验证,但是根据广义相对论,它们必定存在。我们必须在三个效应中找到一个强有力的依据,来支持马赫关于所有惯性作用的相对性的思想。如果我们认为这些思想从头至尾都是自洽的,则我们必然希望**所有**的

---

* 在坐标系相对于惯性系均匀地做旋转运动的特殊情况下,甚至不用计算大家也能够意识到,离心作用必然与科里奥利场的存在有着不可分割的联系;我们的广义协变方程自然也一定适用于这一情况。

惯性(即**整个** $g_{\mu\nu}$ 场)都决定于宇宙的物质,而不是主要决定于无穷远处的边界条件。

对于宇宙尺度下的一个令人满意的 $g_{\mu\nu}$ 场概念来说,恒星的相对速度小于光速这一事实似乎具有重要意义。根据这一事实,通过选择适当的坐标系, g_{44} 在宇宙中将几乎是一个常量,至少在存在物质的那部分宇宙内它是这样。而且由于宇宙的所有部分内都存在恒星的假设看上去十分自然,所以我们也完全可以假设 g_{44} 之所以不是常量,仅仅是由于物质并非连续分布,而是集中分布在某个天体和天体系统中。如果我们愿意忽略这些物质密度和 $g_{\mu\nu}$ 场更为局域的不均匀分布,那么为了了解宇宙作为一个整体的一些几何性质,似乎可以自然而然地把物质的实际分布用一连续分布来代替,并且进一步赋予这一分布均匀密度 σ 。在这个假想的宇宙当中,所有具有空间方向的点在几何上都是等价的。这个宇宙对于它的空间延展而言具有恒定曲率,并且对于它的 x_4 坐标而言是柱状的。宇宙可能在空间上是有界的,而且由于我们前面假设了 σ 为常量,故具有恒定曲率(不论是球形的,还是椭球形的),这种可能性似乎特别令人满意,因为这样的话,广义相对论中那些难以应用的无穷远处边界条件,就可以用一个更为自然的封闭空间边界条件来代替。

根据以上讨论,我们令

$$ds^2 = dx_4^2 - \gamma_{\mu\nu}dx_\mu dx_\nu, \tag{119}$$

其中指标 μ 和 ν 只取1到3。 $\gamma_{\mu\nu}$ 是 x_1, x_2, x_3 的某个函数,以使它与具有正的恒定曲率的三维连续统相对应。现在,我们必须考察这个假设是不是满足引力场方程。

为此,我们必须首先找到三维恒定曲率流形所满足的微分条件。一个嵌入四维欧几里得连续统中的三维球流形*，可由下式给出：

$$x_1^2 + x_2^2 + x_3^2 + x_4^2 = a^2$$
$$dx_1^2 + dx_2^2 + dx_3^2 + dx_4^2 = ds^2。$$

消去 x_4，得

$$ds^2 = dx_1^2 + dx_2^2 + dx_3^2 + \frac{(x_1 dx_1 + x_2 dx_2 + x_3 dx_3)^2}{a^2 - x_1^2 - x_2^2 - x_3^2}。$$

忽略 x_ν 的三次方项以及更高次项，在坐标原点附近，我们可令：

$$ds^2 = \left(\delta_{\mu\nu} + \frac{x_\mu x_\nu}{a^2} \right) dx_\mu dx_\nu。$$

括号里是流形在原点附近的 $g_{\mu\nu}$。因为 $g_{\mu\nu}$ 的一阶导数在原点为 0，所以在原点 $\Gamma_{\mu\nu}^\sigma$ 也为 0。这样，用（88）式计算这一流形在原点的 $R_{\mu\nu}$ 就很简单了。我们有

$$R_{\mu\nu} = -\frac{2}{a^2} \delta_{\mu\nu} = -\frac{2}{a^2} g_{\mu\nu}。$$

因为，关系式 $R_{\mu\nu} = -\frac{2}{a^2} g_{\mu\nu}$ 一般来说是协变的，而且流形上所有

---

* 引入第四个空间维度，除了是一个数学技巧外，自然没有其他意义。

的点在几何上都是等价的,所以上式对所有坐标系,且在流形上处处都成立。为了避免与四维连续统相混淆,接下来我们用希腊字母表示与三维连续统相关的量,并且令

$$P_{\mu\nu} = -\frac{2}{a^2}\gamma_{\mu\nu}。 \tag{120}$$

现在,我们着手将场方程(96)应用于我们这一特殊情形。根据(119)式我们可知,对于四维流形,有

$$\left.\begin{array}{l} R_{\mu\nu} = P_{\mu\nu} \quad \text{对于指标1到3} \\ R_{14} = R_{24} = R_{34} = R_{44} = 0 \end{array}\right\} \tag{121}$$

至于(96)式的右边,我们必须考察如尘埃云状分布的物质的能量张量。根据上述讨论,专对静止情况,我们必须令

$$T^{\mu\nu} = \sigma\,\frac{\mathrm{d}x_\mu}{\mathrm{d}s}\,\frac{\mathrm{d}x_\nu}{\mathrm{d}s}。$$

但是另外,我们还必须添加一压力项,这个压力项可以按以下方式在物理上确立。物质是由带电粒子构成的。根据麦克斯韦理论,很难把它们想象成没有奇点(singularities)的电磁场。为了与实际相符,有必要引入麦克斯韦理论中所没有包括的能量项。这样,尽管带有同号电荷的单个粒子之间存在相互排斥的作用力,但是它们仍然可以聚集在一起。为了符合这一事实,庞加莱曾经设想在这些粒子的内部存在一种压力,这种压力可与静电斥力相平衡。然而,不能断定

在粒子外部这种压力为0。如果在我们的唯象表述中加上压力项，就可以与这一情况相符。但是，这不能与流体动压强相混淆，因其只是物质内部的动力学关系的能量表示。于是，我们令

$$T_{\mu\nu} = g_{\mu\alpha}g_{\nu\beta}\sigma\frac{\mathrm{d}x_\alpha}{\mathrm{d}s}\frac{\mathrm{d}x_\beta}{\mathrm{d}s} - g_{\mu\nu}p。 \tag{122}$$

因此，在我们这一特殊情形下，必须令

$$T_{\mu\nu} = \gamma_{\mu\nu}p（对于 \mu 和 \nu 从 1 到 3）$$
$$T_{44} = \sigma - p$$
$$T = -\gamma^{\mu\nu}\gamma_{\mu\nu}p + \sigma - p = \sigma - 4p。$$

注意到场方程(96)可以改写成

$$R_{\mu\nu} = -\kappa\left(T_{\mu\nu} - \frac{1}{2}g_{\mu\nu}T\right),$$

所以从(96)式我们得到以下方程

$$+\frac{2}{a^2}\gamma_{\mu\nu} = \kappa\left(\frac{\sigma}{2} - p\right)\gamma_{\mu\nu}$$
$$0 = -\kappa\left(\frac{\sigma}{2} + p\right)。$$

由此可得

$$p = -\frac{\sigma}{2} \quad \left.\right\}$$
$$a = \sqrt{\frac{2}{\kappa\sigma}} \quad \right\} \circ \qquad (123)$$

如果宇宙是准欧几里得的,从而它的曲率半径为无穷大,那么 σ 为 0。但是宇宙中的物质的平均密度不太会真的为 0。这是我们反对宇宙是准欧几里得的这一假定的第三个论点。另外,我们所假设的压力看起来也不太可能为 0。这个压力的物理意义,只有当我们有了更好的电磁场理论知识之后才能理解。根据(123)式的第二个方程,宇宙的半径 a 通过下式取决于物质的总质量 M:

$$a = \frac{M\kappa}{4\pi^2} \circ \qquad (124)$$

由这个方程,几何性质对物理性质的完全依赖性变得很清楚。

这样,我们可以列出以下论点,来反对空间无限(space-infinite)宇宙的观念,支持空间有界(space-bounded)宇宙或者闭合宇宙的思想:

1. 从相对论的观点来看,假设一个闭合宇宙比假设宇宙的准欧几里得结构在无穷远处的相应边界条件,要简单得多。

2. 马赫所表达的惯性取决于物体之间的相互作用的思想,在一级近似下包含在相对论的方程之中。从这些方程可以推知,惯性至少部分地决定于物质之间的相互作用。由此,马赫的思想很有可能得胜,因为假定惯性部分取决于相互作用,部分又取决于空间的独立性质,是不会令人满意的。但是马赫的这一思想只对应于空间上

有界的有限宇宙,而不对应于准欧几里得的无限宇宙。从认识论的观点来看,假定空间的力学性质完全取决于物质更能使人满意,这只是闭合宇宙中的情形。

3. 只有当宇宙中物质的平均密度为0时,无限宇宙才是可能的。尽管这种假定在逻辑上可行,但是与宇宙中的物质存在有限平均密度的假定相比则不大可能。

爱因斯坦 书系
SERIES ON
EINSTEIN

第二版附录

关于"宇宙学问题"

自从这本小册子的第一版问世以来,人们对相对论的研究又取得了一些进展。其中的几个,我们将在这儿扼要提及:

第一个进展,是确证了存在由原点处的(负)引力势引起的谱线红移(red shift)现象(见第92页*)。正是由于发现了所谓的"矮星"**,这一论证才有可能得到证实。"矮星"的密度比水的大 10^4 倍。这样的恒星(例如,天狼星的暗伴星),其质量和半径是可以确定的***。理论计算预期,这一谱线红移幅度比太阳谱线红移大20倍,而观测结果也确实在此预言范围之内。

将作扼要介绍的第二个进展,涉及物体在引力作用下的运动定律。在最初的理论表述中,引力作用下的粒子运动定律是作为独立于引力场理论之外的基本假定而引入的[见(90)式,它假定粒子在引力作用下沿测地线运动]。这就构成了一个从伽利略惯性定律到

---

* 此为原文页码,中文版为第90—91页。——译者

** 原文为dwarf(矮星),此处应指white dwarf(白矮星)。——译者

*** 其质量可以利用光谱方法测量天狼星的反作用并由牛顿定律导出;其半径可以从总亮度和单位面积的辐射强度求出,而这些可以由其辐射温度得出。

存在"真正"引力场情形的假想变换。已经证明，这一运动定律（推广到任意大引力质量的物体情形）可以单独从空无一物空间（empty space）的场方程中推导出来。根据这一推导，运动定律蕴含于下列条件：引力场除了产生场的各质点外，处处无奇性（singular）。

涉及所谓"宇宙学问题"的第三个进展，将要在此详加考察，这部分是因为它的根本重要性，还部分因为对这些问题的探讨尚无定论。我迫切要对这些问题做更为确切的讨论还有另外一个原因，那就是我无法摆脱这种印象，即认为目前在处理这一问题时，对一些最重要的基本观点不够注重。

这一问题大致可以这样表述：基于对恒星的观测，我们有充分的理由相信，这个恒星系统大体上并不像漂浮在空无一物的无限空间中的岛屿，而且并不存在任何诸如所有现存物质总体的引力中心之类的东西。或者毋宁说，我们越来越坚信空间中的物质平均密度不为零。

于是产生了这样的问题：这一由经验提出的假设是否与广义相对论相一致呢？

首先，我们必须对此问题做一个更加准确的表述。让我们考察宇宙的一个有限区域，这个区域足够大，以至于其内物质的平均密度为(x_1, x_2, x_3, x_4)的近似连续函数。这样一个子空间可以被近似当作一个惯性系（闵可夫斯基空间），我们将使其与恒星运动相联系。在适当调整之后，物质相对于该系的平均速度在所有方向上都将为零。剩下的是个体恒星（近乎随机）的运动，与气体中分子的运动类似。有一点非常重要，那就是由经验所知的恒星运动速度比光速小得多。因此，这时完全忽略恒星的相对运动，考察用相互之间没有粒子的（随机）运动的物质尘（material dust）来代替恒星，是合情合理的。

以上条件绝不足以将此问题变成一个明确问题。最简单最根本的限定将是下列条件:(自然测得的)物质密度 ρ 在(四维)空间中处处相同;对于适当的坐标系,度规与 x_4 无关,并且对于 x_1, x_2, x_3 是均匀和各向同性的。

这正是我最初考察的对大尺度物理空间所做的一种最自然的理想化描述。在本书的第103—108页*,我们已经对之进行了讨论。对这个解的反对意见是,必须引入一个没有物理上的合理解释的负压强。为了使这个解成为可能,我最初并没有引进上述负压强而是引入一个新的项进方程,这么做从相对论的观点来看是容许的。于是,引力方程推广为:

$$\left(R_{ik} - \frac{1}{2}g_{ik}R\right) + \Lambda g_{ik} + \kappa T_{ik} = 0, \qquad (1)$$

其中 Λ 是一个普适常量["宇宙学常数"(cosmologic constant)]。这个第二项的引入造成了理论的复杂化,并且严重地削弱了理论的逻辑简单性。引进第二项的唯一理由是它可以解决由于引入有限的物质平均密度而造成的几乎不可避免的困难。顺便提一句,我们认为牛顿理论中存在着同样的困难。

数学家弗里德曼(Friedman)找到了一个可以摆脱这一窘境的办法**。他的结果后来得到了令人吃惊的证实——哈勃(Hubble)发现宇宙在膨胀(星系的谱线红移随着距离的增大而均匀地变大)。下面不过是对弗里德曼的思想进行一番阐述。

---

* 此为原书中的页码,中文版为第100—105页。——译者

** 他证明,根据场方程,在整个(三维)空间中不特地推广方程,就能够让物质具有有限密度。*Zeitschr. f. Phys.*10 (1922).

对三维各向同性的四维空间

我们观测到，星系就跟我们所看到的那样，在各个方向以近乎相同的密度分布在空间中。这就促使我们假定星系的**空间各向同性**对于所有观测者都成立，对于相对于周围物质保持静止的观测者的任何位置和任何时间都成立。另一方面，我们不必假定对于一个与邻近物质保持相对静止的观测者，物质的平均密度对于时间是恒定的。由此，我们放弃了度规场的表达式与时间无关的假定。

现在，我们需要找到一个能够表达宇宙（**从空间上讲**）处处各向同性的数学形式。通过（四维）空间中的任意一点 P，都存在一条粒子路径（这条路径下面将简称为"测地线"）。令 P 和 Q 是这样一条测地线上两个相距无穷小的点。那么，我们必须要求在任何保持 P 和 Q 固定的坐标系旋转变换下，场的表达形式保持不变。这对于任何测地线的任何元素（element）都应成立*。

上述不变性条件蕴涵着，整个测地线都位于旋转轴上，并且在坐标系的旋转变换下，测地线上的点保持不变。这意味着，解将在坐标系绕着三重无穷（triple infinity）**测地线的所有旋转下保持不变。

为简略起见，我不打算对这个问题的求解进行演绎推导。然而，直观上似乎可以明显看出，在三维空间中，如果一个度规在绕着双重无穷线（double infinity of lines）的转动变换下是不变的，那么这个度规本质上是中心对称型的（通过适当地选择坐标系），其中转动轴就是径向直线，由对称性可知就是测地线。半径为常量的曲面则是恒定（正）曲率曲面，它们与（径向）测地线处处正交。因此，用不变性的语言，我们可以说：

---

* 这一条件不仅对度规有限制，而且还要求对于每一条测地线都存在着一个坐标系，相对于这个坐标系，围绕这一测地线转动的不变性是有效的。

** "三重无穷"线是指四维空间中的三个转动轴，下文"双重无穷"线则是指三维空间中的两个转动轴。——译者存在一族与测地线正交的曲面。这些曲面每一个都是恒定曲率曲面。曲面族中的任意两个曲面所夹的测地线段是相等的。

附注 这个根据直观想象而得到的结论并不能推广到一般情况,因为这族曲面还有可能是恒定负曲率曲面或者欧几里得曲面(零曲率)。

我们感兴趣的四维情形完全与此类似。此外,当度规空间的惯性指标为1时,两者没有本质区别。唯一不同的是,我们必须把径向选取为类时的,把相应曲面族的方向选取为类空的。所有点的局部光锥的轴线,都位于径线上。

坐标的选取

现在,我们不选取最能体现宇宙各向同性的四个坐标,而选取一些不同的坐标,它们从物理解释的观点来看更为方便。

我们将粒子的测地线(在中心对称情况下它们是通过中心的直线)选取为类时线,线上 x_1, x_2, x_3 是常量,只有 x_4 独自变化。再令 x_4 等于粒子到中心的度规距离。在这样的坐标系下,度规取如下形式:

$$\left. \begin{array}{l} \mathrm{d}s^2 = \mathrm{d}x_4^2 - \mathrm{d}\sigma^2 \\ \mathrm{d}\sigma^2 = \gamma_{ik}\mathrm{d}x_i\mathrm{d}x_k (\, i, \ k = 1, \ 2, \ 3\,) \end{array} \right\} \tag{2}$$

其中 $\mathrm{d}\sigma^2$ 是一个球形超曲面上的度规。这样,属于不同超曲面的 γ_{ik} (由于中心对称)在所有超曲面上皆有同样的形式,除了会相差一个只与 x_4 相关的正因子:

$$\gamma_{ik} = \underset{0}{\gamma_{ik}} G^2, \tag{2a}$$

式中 $\underset{0}{\gamma}$ 只依赖于 x_1, x_2, x_3，而 G 仅是 x_4 的函数。则我们有：

$$\mathrm{d}\underset{0}{\sigma}^2 = \underset{0}{\gamma}_{ik}\,\mathrm{d}x_i\mathrm{d}x_k\,(i,k=1,2,3) \tag{2b}$$

是三维中恒定曲率的确定度规，对于每个 G 皆同。

这样一个度规由以下方程描写：

$$\underset{0}{R}_{iklm} - B\left(\underset{0}{\gamma}_{il}\underset{0}{\gamma}_{km} - \underset{0}{\gamma}_{im}\underset{0}{\gamma}_{kl}\right) = 0_\circ \tag{2c}$$

我们可以选取坐标系 (x_1, x_2, x_3)，使得线元变成共形欧几里得线元：

$$\mathrm{d}\underset{0}{\sigma}^2 = A^2\left(\mathrm{d}x_1^2 + \mathrm{d}x_2^2 + \mathrm{d}x_3^2\right),$$

$$即 \quad \underset{0}{\gamma}_{ik} = A^2\delta_{ik}, \tag{2d}$$

其中 A 应仅是 $r(r^2 = x_1^2 + x_2^2 + x_3^2)$* 的正函数。把它代入方程，我们可得 A 的两个方程：

$$\left.\begin{array}{l}-\dfrac{1}{r}\left(\dfrac{A'}{Ar}\right)' + \left(\dfrac{A'}{Ar}\right)^2 = 0 \\[3mm] -\dfrac{2A'}{Ar} - \left(\dfrac{A'}{A}\right)^2 - BA^2 = 0\end{array}\right\} \tag{3}$$

---

* 原文误作"$r = x_1^2 + x_2^2 + x_3^2$"。——译者

第一个方程由

$$A = \frac{c_1}{c_2 + c_3 r^2} \qquad (3a)$$

所满足,其中常量 c_1, c_2, c_3 暂时是任意的。于是由第二个方程,得到

$$B = 4\frac{c_2 c_3}{c_1^2} \qquad (3b)$$

对于常量 c_1, c_2 和 c_3,我们有:如果当 $r = 0$ 时 A 应为正数,那么 c_1 和 c_2 同号。因为这三个常量的符号变化并不改变 A,所以我们可以让 c_1 和 c_2 都取正值,也可令 c_2 等于 1。更进一步,因为正因子总可以并入 G^2 中,所以我们还可以不失普遍性地令 c_1 也等于 1。这样,我们可取

$$A = \frac{1}{1 + cr^2} \; ; \; B = 4c 。 \qquad (3c)$$

现在存在三种情况:

$$c > 0 (球空间)$$
$$c < 0 (伪球空间)$$
$$c = 0 (欧几里得空间)$$

通过坐标的相似性变换($x'_i = ax_i$,其中 a 为常量),我们可以进一步得到在第一种情况下 $c = 1/4$,在第二种情况下 $c = -1/4$。

因此,对于这三种情况,我们分别有:

114

$$A = \frac{1}{1 + \dfrac{r^2}{4}} \; ; \; B = +1$$

$$A = \frac{1}{1 - \dfrac{r^2}{4}} \; ; \; B = -1 \qquad \text{（3d）}$$

$$A = 1 \; ; \; B = 0$$

在球空间情况中，单位空间（$G=1$）的"周长"为 $\displaystyle\int_{-\infty}^{\infty} \frac{\mathrm{d}r}{1 + \dfrac{r^2}{4}} = 2\pi$，单位空间的"半径"为 1。在所有这三种情况下，时间的函数 G 都是两物质点间的距离（在空间截面上测得）随时间变化的度量。在球空间情况中，G 是在时刻 x_4 时的空间半径。

小结　我们的理想宇宙的**空间**各向同性假定，导致度规取如下形式：

$$\mathrm{d}s^2 = \mathrm{d}x_4^2 - G^2 A^2 \left(\mathrm{d}x_1^2 + \mathrm{d}x_2^2 + \mathrm{d}x_3^2 \right), \qquad \text{（2）}$$

其中 G 只取决于 x_4，而 A 仅依赖于 $r\,(r^2 = x_1^2 + x_2^2 + x_3^2)^*$，其中：

$$A = \frac{1}{1 + \dfrac{z}{4} r^2}, \qquad \text{（3）}$$

并且三种不同的情况可分别由 $z = 1$，$z = -1$ 和 $z = 0$ 来表征。

＊原文误排成"（$= x_1^2 + x_2^2 + x_3^2$）"。——译者

场方程

现在我们必须进一步满足引力场方程,即不附加我们先前特地引入的"宇宙学项"的场方程:

$$\left(R_{ik} - \frac{1}{2} g_{ik}R\right) + \kappa T_{ik} = 0 \tag{4}$$

把基于空间各向同性假设的度规表达式代入上式,经过计算,可得:

$$R_{ik} - \frac{1}{2} g_{ik}R = \left(\frac{z}{G^2} + \frac{G'^2}{G^2} + 2\frac{G''}{G}\right)GA\delta_{ik}$$

$$(i,k = 1,2,3)$$

$$R_{44} - \frac{1}{2} g_{44}R = -3\left(\frac{z}{G^2} + \frac{G'^2}{G^2}\right) \tag{4a}$$

$$R_{i4} - \frac{1}{2} g_{i4}R = 0 \, (i = 1,2,3)$$

进一步,对于"尘埃"(dust),我们得到物质的能量张量 T_{ik}:

$$T^{ik} = \rho \, \frac{\mathrm{d}x_i}{\mathrm{d}s} \, \frac{\mathrm{d}x_k}{\mathrm{d}s} \, \circ \tag{4b}$$

物质沿之运动的测地线是 x_4 沿之变化的线,在测地线上 $\mathrm{d}x_4 = \mathrm{d}s$,所以我们有

$$T^{44} = \rho \qquad (4c)$$

这唯一一个不为零的分量。通过下降指标,我们得到 T_{ik} 的唯一非零分量:

$$T_{44} = \rho。 \qquad (4d)$$

对此加以考察,场方程为:

$$\left.\begin{array}{l} \dfrac{z}{G^2} + \dfrac{G'^2}{G^2} + 2\dfrac{G''}{G} = 0 \\[4mm] \dfrac{z}{G^2} + \dfrac{G'^2}{G^2} - \dfrac{1}{3}\kappa\rho = 0 \end{array}\right\} \qquad (5)$$

式中 $\dfrac{z}{G^2}$ 表示在空间截面($x_4 =$ 常量)里的曲率。因为 G 作为时间的函数在所有情况下都表示两质点之间度规距离的相对度量,所以 $\dfrac{G'}{G}$ 表示的是哈勃膨胀(Hubble's expansion)*。方程中不出现 A,这也是具有所要求的对称型的引力场方程有解的必要条件。两式相减,可得:

$$\dfrac{G''}{G} + \dfrac{1}{6}\kappa\rho = 0 \qquad (5a)$$

因为 G 和 ρ 必须处处为正,所以对于非零的 ρ,G'' 处处为负。因此,$G(x_4)$ 既无极小值,亦无拐点;进而方程没有 G 为常量的解。

---

* 在现代术语中,$\dfrac{G'}{G}$ 称为"哈勃常量"或"哈勃参量"。——译者

空间曲率为零($z = 0$)的特例

密度ρ不为零的最简单特例是$z = 0$的情形，此时截面($x_4 =$常量)不是弯曲的。如果我们令$\dfrac{G'}{G} = h$，则这种情况下的场方程为：

$$\left.\begin{array}{l} 2h' + 3h^2 = 0 \\ 3h^2 = \kappa\rho \end{array}\right\} \qquad (5b)$$

哈勃膨胀h和平均密度ρ之间的关系(由第二个方程给出)，至少就数量级而言是可与经验进行某种程度的比较。对于10^6秒差距的距离，膨胀为432千米/秒。若用通常使用的度量单位制(用厘米作长度单位，用光传播1厘米所需时间作时间单位)表示这一关系，我们可得：

$$h = \frac{432 \cdot 10^5}{3.25 \cdot 10^6 \cdot 365 \cdot 24 \cdot 60 \cdot 60} \cdot \left(\frac{1}{3 \cdot 10^{10}}\right)^2$$
$$= 4.71 \cdot 10^{-28}。$$

进一步，因为$\kappa = 1.86 \cdot 10^{-27}$[见(105a)式]，所以由(5b)式的第二个方程可得

$$\rho = \frac{3h^2}{\kappa} = 3.5 \cdot 10^{-28}\text{克/厘米}^3。$$

这一数值在数量级上与天文学家(根据可见恒星和恒星系的质量及视差得出)的估计值基本一致。我在这里引用麦克维蒂(G. C.

McVittie)的话[《伦敦物理学会会议录》(Proceedings of the Physical Society of London)，第51卷，1939年，第537页]作为例证："平均密度肯定不大于10^{-27}克/厘米^3，它更有可能处于10^{-29}克/厘米^{3}这一数量级上。"

由于确定ρ的大小是一件非常困难的事情，因此，我认为这一数值暂且是一个令人满意的符合。因为所确定的h值比ρ值要准确得多，所以可以不过分地说，确定可测空间的结构与更准确地确定ρ的值之间有着非常紧密的关系。根据方程(5)的第二式，空间曲率在一般情况下可由下式给出：

$$zG^{-2} = \frac{1}{3}\kappa\rho - h^2。 \tag{5c}$$

这样，如果上式右边为正，则空间具有正的恒定曲率，因而是有限的；它的数值可以用与上述差值一样的精度确定下来。而如果右边为负，则空间是无限的。目前ρ的确定尚不足以使我们从这一关系推导出空间(截面x_4＝常量)的非零平均曲率。

在忽略空间曲率的情况下，通过适当选取x_4的初始点，方程(5c)可以写成：

$$h = \frac{2}{3} \cdot \frac{1}{x_4}。 \tag{6}$$

这个方程在$x_4=0$处具有奇点，所以该空间或者在负膨胀，从而时间的上限为$x_4=0$；或者在正膨胀，时间开始于$x_4=0$。后一种情况就对应于我们在自然界中所发现的。

从h的测量值，我们可以推算宇宙的年龄是$1.5 \cdot 10^9$年。这一结果与从铀裂变所得到的地壳年龄大致相同。这是一个荒谬的结果，由于不止一个原因它已经使人们怀疑这一理论的有效性。

现在的问题是：在假设空间曲率实际上可以被忽略的前提下所产生的这一困难，是否可以通过引入一个适当的空间曲率来消除呢？(5)式的第一个方程决定 G 的时间依赖性，现在它可以派上用场了。

空间曲率不为零情况下方程的解

如果考察空间截面($x_4 = $ 常量)的空间曲率，我们可得如下方程：

$$zG^{-2} + \left(2\frac{G''}{G} + \left(\frac{G'}{G}\right)^2\right) = 0$$

$$zG^{-2} + \left(\frac{G'}{G}\right)^2 - \frac{1}{3}\kappa\rho = 0。 \tag{5}$$

对于 $z = +1$，曲率为正；对于 $z = -1$，曲率为负。式中第一个方程是可积的(integrable)。我们首先把它写成如下形式：

$$z + 2GG'' + G'^2 = 0。 \tag{5d}$$

如果把 $x_4(=t)$ 当作 G 的函数，则我们有：

$$G' = \frac{1}{t'}, G'' = \left(\frac{1}{t'}\right)'\frac{1}{t'}。$$

若将 $\dfrac{1}{t'}$ 记为 $u(G)$，则有

$$z + 2Guu' + u^2 = 0 \tag{5e}$$

或

$$z + \left(Gu^2\right)' = 0 。 \tag{5f}$$

由此经过简单的积分，可得：

$$zG + Gu^2 = G_0, \tag{5g}$$

或者，由于我们已令 $u = \dfrac{1}{\dfrac{\mathrm{d}t}{\mathrm{d}G}} = \dfrac{\mathrm{d}G}{\mathrm{d}t}$，有

$$\left(\frac{\mathrm{d}G}{\mathrm{d}t}\right)^2 = \frac{G_0 - zG}{G}, \tag{5h}$$

其中的 G_0 为常量。如果对（5h）式微分，并且考虑到 G'' 为负数［由（5a）式得出］，那么我们会发现这一常量不可能为负数。

（a）正曲率空间

G 的取值区间为 $0 \leqslant G \leqslant G_0$，它可以定量地用草图（1）表示如下：

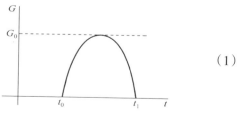

（1）

121

半径 G 先从 0 开始增大至 G_0，然后又连续地减小到 0。空间截面是有限的（球形的）：

$$\frac{1}{3}\kappa\rho - h^2 > 0。 \qquad (5c)$$

（b）负曲率空间

$$\left(\frac{\mathrm{d}G}{\mathrm{d}t}\right)^2 = \frac{G_0 + G}{G}。$$

G 随着时间 t 从 $G = 0$ 变到 $G = +\infty$（或者从 $G = \infty$ 变到 $G = 0$）。因此，$\frac{\mathrm{d}G}{\mathrm{d}t}$ 在区间 $+\infty$ 到 1 内单调递减。用草图（2）可表示为

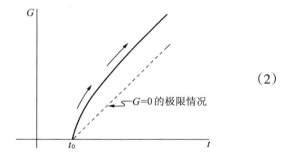

（2）

于是这是一个持续膨胀而不收缩的情况。空间截面是无限的，并且有

$$\frac{1}{3}\kappa\rho - h^2 < 0。 \qquad (5c)$$

根据方程

$$\left(\frac{\mathrm{d}G}{\mathrm{d}t}\right)^2 = \frac{G_0}{G} \tag{5h}$$

可知,先前讨论的平面空间截面情形是介于这两种情况之间的一种情形。

附注 负曲率情形包含着一个 $\rho=0$ 的极限情况。此时 $\left(\frac{\mathrm{d}G}{\mathrm{d}t}\right)^2=1$ (见草图2)。这是欧几里得情形,因为计算表明,这时曲率张量为0。

假如具有非零 ρ 值的负曲率空间越来越接近这一极限情形,那么随着时间的推移,空间内的物质对空间结构的影响将越来越小。

根据以上对非零曲率情况的研究,可以得到如下结果。对于每一个非零("空间")曲率状态,跟零曲率状态一样,都存在着一个 $G=0$ 的膨胀就是从此开始的初态。因而,这是一个物质密度为无穷大而场是奇性的截面。引入这样一个新的奇点本身看起来就存在着问题[*]。

此外,对于从膨胀开始到 h 下降到一个固定值 $\frac{G'}{G}$ 的这段时间间隔,空间曲率的影响在数量级上是可以忽略的。这段时间间隔可以由(5h)式经过初等运算得到,这里从略。下面我们仅考虑 $\rho=0$ 的膨胀空间。如前所述,这是负空间曲率的特例。由(5)式的第二个方程可得(记住要对第一项进行变号):

$$G' = 1。$$

所以(通过适当选取 x_4 的初始点)我们有:

---

[*] 但是,有一点值得我们注意:目前的相对论性引力理论乃基于"引力场"和"物质"这两个概念的分离。或许有理由认为,正是由于这一原因使得该理论不适用于极高物质密度。很可能对于一个统一理论而言,奇点并不会出现。

$$G = x_4$$

$$h = \frac{G'}{G} = \frac{1}{x_4} \, . \qquad (6a)$$

因而在这一极端情形下所得到的膨胀时间，与在零空间曲率情形下［见方程（6）］所得到的结果几乎一样，只是差一个数量级为 1 的因子而已。

因此，在讨论方程（6）时所提及的疑难（也就是，理论给出的恒星及星系的演化年龄比我们目前可观测到的还要小很多），并不能通过引入空间曲率来消除。

通过推广对于有质量物质的方程来延伸上述考察

对于所有目前得到的解，在系统中都存在着一个状态，在此状态下度规成为奇性的（$G = 0$），而且密度 ρ 变为无穷大。于是就产生了以下问题：这种奇点的出现是不是可归结为我们把物质当作一种不抵抗凝聚的尘埃的缘故呢？我们是否不曾毫无理由地忽略掉单颗恒星的随机运动（random motion）所带来的影响呢？

例如，我们可以认为尘埃中的微粒之间不是相互静止的，而是像气体中的分子一样相互之间存在着随机运动。这样的物质会产生抵抗绝热凝聚（adiabatic condensation）的阻力（resistance），而且它随着凝聚作用的增强而变大。这样难道不能够防止发生无限凝聚吗？下面我们将证明，这一对物质描述方式的修改并不能改变上述解的主要性质。

依狭义相对论处理的"粒子气"

我们考察一群质量为 m 的粒子，它们彼此平行运动。经过适当

变换后,这群粒子可以被认为是静止的。这样,粒子的空间密度 σ 在洛伦兹变换下保持不变。对于任意一个洛伦兹系统,

$$T^{\mu\nu} = m\sigma \frac{\mathrm{d}x^{\mu}}{\mathrm{d}s} \frac{\mathrm{d}x^{\nu}}{\mathrm{d}s} \tag{7}$$

都有不变的含义(粒子群的能量张量)。如果存在多个这样的粒子群,对它们求和,可得对其全体,有

$$T^{\mu\nu} = m \sum_{p} \sigma_{p} \left(\frac{\mathrm{d}x^{\mu}}{\mathrm{d}s} \right)_{p} \left(\frac{\mathrm{d}x^{\nu}}{\mathrm{d}s} \right)_{p} 。 \tag{7a}$$

关于这个形式,我们可以选择洛伦兹系统的时间轴,使 $T^{14} = T^{24} = T^{84} = 0$。进一步,由系统的空间转动,可得:$T^{12} = T^{23} = T^{31} = 0$。更进一步,假设粒子气(particle gas)是各向同性的。这意味着 $T^{11} = T^{22} = T^{83} = p$。它跟 $T^{44} = u$ 一样是不变量。因此,可用 u 和 p 表示下述不变量:

$$\mathscr{F} = T^{\mu\nu}g_{uv} = T^{44} - \left(T^{11} + T^{22} + T^{33} \right)$$
$$= u - 3p 。 \tag{7b}$$

由 $T^{\mu\nu}$ 的表达式可知,T^{11}, T^{22}, T^{33} 和 T^{44} 都是正的;所以 T_{11}, T_{22}, T_{33} 和 T_{44} 也同样如此。

现在,引力方程为:

$$1 + 2GG'' + G^2 + \kappa T_{11} = 0$$

$$-3G^{-2}(1 + G'^2) + \kappa T_{44} = 0 。 \qquad (8)$$

由第一个方程可知,这里的 G'' 也总为负(因为 $T_{11} > 0$);而且,对于给定的 G 和 G',T_{11} 项只能使 G'' 值减小。

因此我们可以看出,考虑质点之间的随机相对运动并不能从根本上改变我们的结果。

小结及其他附注

(1)虽然从相对论的观点来看,在引力方程中引入"宇宙学项"是可以的,但是从逻辑简单性(logical economy)的观点来看,它却应当被排除。因为弗里德曼首先证明,如果承认两质点之间的度规距离是随时间变化的,那么就可以调和引力方程的最初形式与物质密度处处有限之间的矛盾*。

(2)仅要求宇宙具有**空间**各向同性,就可以导出弗里德曼形式(Friedman's form)。因此,毫无疑问,它就是适合宇宙学问题的普遍形式。

(3)忽略空间曲率的影响,我们得到了平均密度和哈勃膨胀之间的关系,这在数量级上已经得到经验的证实。

我们进一步得知,宇宙从膨胀开始一直到现在所经历的时间是一个数量级为 10^9 年的值。这一时间太短了,它与恒星演化的有关理论不一致。

(4)后一结果既不能通过引入空间曲率而得到改变,也不会由于考虑到恒星以及星系彼此之间的随机运动而改变。

(5)有些人试图不用多普勒效应(Doppler effect)来解释谱线的

---

* 假如哈勃膨胀在广义相对论创立之时已被发现,那么宇宙学项决不会被引入。现在看来,在场方程中引入这样一项实在没有什么道理,因为它已经失去了当初引进它的唯一理由:得到宇宙学问题的一个自然的解。

哈勃红移。然而,在已知的物理事实中并没有证据支持这种想法。根据这一假想,两颗恒星 S_1 和 S_2 可以由一根刚性杆把它们连接在一起。假如沿着杆传播的光的波长数会在运动过程中随时间改变,则一束从 S_1 传送到 S_2 然后再反射回 S_1 的单色光,会以不同的频率到达(用 S_1 上的时钟测量)。这种观点意味着定域测量到的光速与时间有关,这甚至与狭义相对论也是相违背的。此外值得注意的是,光信号在 S_1 和 S_2 之间来回传播时会构成一个"时钟",而它与 S_1 中的时钟(例如,原子钟)之间的关系也不是恒定的。这就意味着在相对论的意义上没有度规存在了。这不仅使我们无法明白相对论中的所有关系式,而且还与下述事实相抵触:原子理论的某些表现形式并不是以"相似性",而是以"全等性"相关联(存在着锐光谱线以及原子体积等)。

但是,以上考察是基于波动理论的,而上述假设的某些支持者可能会设想光的膨胀过程全然不是按照波动理论而是按照类似于康普顿效应(Compton effect)的方式进行的。这种由无散射的康普顿过程所构成的假说,从我们现在所掌握的知识来看,尚未得到证实。而且它也不能解释为什么频率的相对移动与原先的频率无关。因此,我们只能把哈勃的发现当作宇宙的膨胀。

(6)对于"世界之初"(膨胀开始的时候)大约只在 10^9 年前这一结果的质疑,有着经验和理论性质两方面的根源。天文学家倾向于把不同光谱类型的恒星作为均一演化过程的年代标志,该过程所需要的时间将远远长于 10^9 年。因此,这种理论与相对论方程所得到的结果相抵触。然而,在我看来,恒星"演化理论"的根基不如场方程的稳固。

理论上的怀疑基于这样一个事实:在膨胀开始的时候,度规变成奇性的,密度 ρ 为无穷大。关于这一点,应当注意的是:目前的相对论乃基于把物理实在分成一边是度规场(引力)另一边是电磁场和物质的分割。但是实际上,空间可能有均一的特征,目前的理论只有在极限情况下才有效。对于高密度场和高密度物质,场方程甚至其中的场变量都将变得没有实际意义。因此,我们不能指望场方程适用于场和物质的密度都非常高的情况,也不能够认为"膨胀之初"必定意味着数学意义上的奇点。我们必须要认识到的是:场方程在这样的区域内可能不再有效了。

可是,从现有恒星和星系演化的观点来看,这种考察并不改变以下事实:"世界之初"确实构成了一个起点,在这一起点上,恒星以及星系还没有作为独立的事物(individual entities)出现。

(7)然而,还是有一些经验论点**支持**理论所需的动态空间概念(dynamic concept of space)。尽管铀的分裂速度比较快,而且也没有可能发现铀的产生过程,但是为什么铀依然存在?为什么空间没有到处充满着辐射而使得夜空看起来像一个闪烁的表面呢?这是一个静态宇宙观点至今也没有给出一个满意答案的老问题。但是如果探讨诸如此类的问题,我们就走得太远了。

(8)根据这些理由,看来尽管存在"寿命"过短等问题,我们还是应当认真对待膨胀宇宙(expanding universe)这一思想。如果这样,那么主要问题就归结为空间到底具有正还是负的空间曲率。对于这个问题,我们要作如下附注。

从经验论观点来看,问题归结为表达式 $\frac{1}{3}\kappa\rho - h^2$ 是正的(球形情况)还是负的(伪球形情况)。在我看来,这是最重要的问题。在天文学目前的状态下,作出经验决定并非没有可能。因为 h(哈勃膨胀)有比较公认的值,所以一切都取决于以尽可能最高的精度确定 ρ 的值。

可以想象,宇宙将会被证明是球形的(很难想象有人能证明宇宙是伪球形的)。这是因为人们总是能够给出 ρ 的下限而不是上限。

情况就是这样，因为我们很难确定天文学上不可观测的（无辐射）物质对 ρ 的贡献到底有多大。我打算就此问题作一番更为详细的讨论。

我们可以仅仅考虑辐射恒星的质量而给出 ρ 的下限（ρ_s）。如果看起来 $\rho_s > \dfrac{3h^2}{\kappa}$，那么我们可以断定宇宙是球形空间。如果看起来 $\rho_s < \dfrac{3h^2}{\kappa}$，那么我们不得不试图确定无辐射物质所占的比例 ρ_d。我们想要表明，我们还可以找到 $\dfrac{\rho_d}{\rho_s}$ 的下限。

考虑一个天体系统，它含有许多颗恒星，且可被以足够的精度当作一个静态系统，例如一个（已知视差的）球状星团。根据用光谱学的方法确定的各恒星的速度，我们可以（在合理的假设下）确定引力场，因而可以确定产生该场的物质质量。用这种方法计算得到的质量可以与星团中可见恒星的质量相比较，故至少得到产生引力场的物质质量比星团中可见恒星的质量多出多少的粗略近似。这样我们就可以求出特定星团 $\dfrac{\rho_d}{\rho_s}$ 的一个估计值。

因为平均说来无辐射恒星比辐射恒星小，所以由于星团中各恒星之间的相互作用，它们的速度平均来说应当比质量较大的辐射恒星大。这样，它们比质量较大的恒星更容易从星团中"挥发"。因此可以预料，质量较轻的天体在星团内部的相对丰度比星团外部的要小一些。所以我们可以将 $\left(\dfrac{\rho_d}{\rho_s}\right)_k$（在上述星团中的密度比）作为 $\dfrac{\rho_d}{\rho_s}$ 在全空间中的下限。从而我们就得到了空间中物质的整个平均密度的下限：

$$\rho_s\left[1+\left(\dfrac{\rho_d}{\rho_s}\right)_k\right].$$

如果这个量大于 $\dfrac{3h^2}{\kappa}$ ，则可断言空间具球形特性。另一方面，对于确定 ρ 的上限，我想不出任何既合理又可靠的方法。

（9）最后但并非最不重要的一点：从这里所使用的意义上讲，宇宙的年龄肯定必须要比根据放射性矿物所确定的地壳年龄大。因为无论从哪方面来看，用这些矿物质来确定年龄是可靠的，所以只要发现这里所表述的宇宙学理论与这种结果相悖，它就被否证。在这种情况下，我就看不出合理的解决方法。

附录二　非对称场的相对论性理论

在开始正题之前,我打算先讨论一般场方程组的"强度"。这一讨论不限于这里的特定理论,它有着本质上的重要性。然而,要更深入地理解我们将要讨论的问题,这部分内容几乎是不可或缺的。

关于场方程组的"相容性"和"强度"

给定某些场变量和关于它们的场方程组,在一般情况下,后者并不能完全确定一个场。对于场方程的解,它仍然保留着一些自由数据。与场方程组相容的自由数据数目越少,场方程组就越"强"。很明显,若不考虑其他方面的因素而单单从这一方面来选择场方程,那我们总希望选取较"强"的而非较弱的方程组。我们的目标就是要找到方程组的这一强度的量度。我们将要证明,可以定义这样的量度,甚至可以使我们比较那些场变量的数目和种类都不同的场方程组的强度。

下面我们将举一些越来越复杂的例子来介绍所涉及的概念和方法,我们仅限于讨论四维场,并且还将在举例过程中陆续引入一些相关的概念。

131

例一:标量波动方程*

$$\phi_{,11} + \phi_{,22} + \phi_{,33} - \phi_{,44} = 0。$$

此处方程组由**一个场变量的一个微分方程**组成。我们让 ϕ 在点 P 的邻域内展开成泰勒级数(这已预设 ϕ 的解析特性)。那么,级数的全体系数就完全描述函数 ϕ。第 n 阶项系数的数目(即 ϕ 在 P 点处的第 n 阶导数)等于 $\dfrac{4 \cdot 5 \cdots (n+3)}{1 \cdot 2 \cdots n}$,简记为 $\begin{pmatrix} 4 \\ n \end{pmatrix}$,而且,如果微分方程没有蕴含各系数之间的某种关系,则所有这些系数都可以任意选取。因为方程是二阶的,所以对方程进行 $(n-2)$ 重微分后可以得到这些关系。这样,我们就得到了第 n 阶系数的 $\begin{pmatrix} 4 \\ n-2 \end{pmatrix}$ 个条件。所以自由的第 n 阶系数的数目为:

$$z = \begin{pmatrix} 4 \\ n \end{pmatrix} - \begin{pmatrix} 4 \\ n-2 \end{pmatrix}。 \tag{1}$$

此值对于任意 n 都是正的。所以,如果确定了所有阶数小于 n 的自由系数,那么 n 阶系数的条件总能被满足,而不改变已经选取的系数。

类似的推理可应用于多个方程组成的方程组。如果第 n 阶自由系数的数目不小于零,我们就称此方程组是**绝对相容的**(absolutely compatible)。现在我们仅限于考察这样的方程组。据我所知,物理学中使用的所有方程组都是这种类型的。

现在让我们重新写出方程(1),我们有

---

* 以下,逗号总表示偏微商,例如:$\phi_{,i} = \dfrac{\partial \phi}{\partial x^i}$,$\phi_{,11} = \dfrac{\partial^2 \phi}{\partial x^1 \partial x^1}$ 等等。

$$\binom{4}{n-2} = \binom{4}{n} \frac{(n-1)n}{(n+2)(n+3)}$$

$$= \binom{4}{n}\left(1 - \frac{z_1}{n} + \frac{z_2}{n^2} + \cdots\right)$$

其中 $z_1 = +6$。

如果我们仅考虑 n 值较大的情况,那么我们可以忽略圆括号内的 $\frac{z_2}{n^2}$ 等项,于是我们得到(1)式的**渐近**表达式

$$z \sim \binom{4}{n}\frac{z_1}{n} = \binom{4}{n}\frac{6}{n} \, 。 \tag{1a}$$

我们称 z_1 为"自由系数"(coefficient of freedom),在我们这种情况下它的值为6。这个系数越大,相应的方程组就越弱。

例二:**空无一物空间的麦克斯韦方程组**

$$\phi^{is}_{,s} = 0; \quad \phi_{ik,l} + \phi_{kl,i} + \phi_{li,k} = 0 \, 。$$

利用

$$\eta^{ik} = \begin{bmatrix} -1 & & & \\ & -1 & & \\ & & -1 & \\ & & & +1 \end{bmatrix}$$

133

上升反对称张量 ϕ_{ik} 的协变指标,可得 ϕ^{ik}。

这些是关于6个场变量的 $4+4$ 个场方程。在这8个方程中有2个是恒等式。如果把场方程的左边分别记为 G^i 和 H_{ikl},那么恒等式有如下形式:

$$G^i_{,i} \equiv 0; H_{ikl,m} - H_{klm,i} + H_{lmi,k} - H_{mik,l} = 0。$$

对于这种情况,我们进行如下推理。

对6个场分量进行泰勒展开,可以产生

$$6 \binom{4}{n}$$

个第 n 阶系数。对8个一阶方程进行 $(n-1)$ 重微分后,得到第 n 阶系数必须满足的条件。因此这些条件的数目为

$$8 \binom{4}{n-1}。$$

然而,这些条件并不相互独立,因为在这8个方程中存在着2个二阶的恒等式。对它们进行 $(n-2)$ 重微分后,可以在由场方程推出的条件中产生

$$2 \binom{4}{n-2}$$

个代数恒等式。因此，n阶自由系数的个数为

$$z = 6\binom{4}{n} - \left[8\binom{4}{n-1} - 2\binom{4}{n-2} \right]。$$

z对所有n都为正。因此，这个方程组是"绝对相容的"。如果我们在上式右边提出因子$\binom{4}{n}$，并且像上面一样对大n展开，我们得到如下渐近表达式：

$$
\begin{aligned}
z &= \binom{4}{n}\left[6 - 8\frac{n}{n+3} + 2\frac{(n-1)n}{(n+2)(n+3)} \right] \\
&\sim \binom{4}{n}\left(6 - 8\left(1 - \frac{3}{n}\right) + 2\left(1 - \frac{6}{n}\right) \right) \\
&\sim \binom{4}{n}\left(0 + \frac{12}{n} \right)。
\end{aligned}
$$

由此，$z_1 = 12$。这表明——及到何种程度——此方程组对场的确定不如标量波动方程（$z_1 = 6$）的情况中那么强。在这两种情况下，圆括号内的常数项都为零，表明所涉及的方程组不让任何四变量函数自由。

例三：**空无一物空间的引力方程**。我们把它们写成如下形式：

$$R_{ik} = 0; \quad g_{ik,l} - g_{sk}\Gamma_{il}^{s} - g_{is}\Gamma_{lk}^{s} = 0。$$

R_{ik}中只含有Γ，而且对其是一阶的。在此我们把g和Γ当作独立的场

变量。第二个方程表明把 Γ 当作一阶微商的量是很方便的。这就是说,在泰勒展开式

$$\Gamma = \Gamma_0 + \Gamma_1{}_s x^s + \Gamma_2{}_{st} x^s x^t + \cdots$$

中,把 Γ_0 当作一阶的,把 $\Gamma_1{}_s$ 当作二阶的,等等。于是,我们必须把 R_{ik} 当作二阶的。在这些方程之间,存在着 4 个比安基恒等式(Bianchi identities),根据我们的约定,它们应被看成是三阶的。

在一般的协变方程组中出现了一个新情况(这对于正确地计算自由系数的数目很重要):仅仅通过坐标变换就可以相互转化的场,应当被认为是一个且同一个场的不同表达方式。于是,在 g_{ik} 的

$$10 \binom{4}{n}$$

个第 n 阶系数之中只有一部分描述了在本质上不同的场。因此,实际上确定场的展开系数的数目会减少到某一数值,现在我们必须来计算这个数值。

在 g_{ik} 的变换律

$$g_{ik}{}^* = \frac{\partial x^a}{\partial x^{i^*}} \frac{\partial x^b}{\partial x^{k^*}} g_{ab}$$

中,g_{ab} 和 $g_{ik}{}^*$ 实际上表示同一个场。如果将上式对 x^* 微分 n 次,会注意到 x 对于 x^* 的 4 个函数的所有 $(n+1)$ 阶导数都包含在 g^* 展开式的

第 n 阶系数中。也就是说有 $4\begin{pmatrix}4\\n+1\end{pmatrix}$ 个系数不参与描写场。因此,在任意一个广义相对论性理论中,都必须从第 n 阶系数的总数中减去 $4\begin{pmatrix}4\\n+1\end{pmatrix}$,以便考虑理论的广义协变性。于是对第 n 阶自由系数个数的计算产生如下结果。

根据刚才推导的修正方案,10 个 g_{ik}(零阶导数的量)和 40 个 Γ_{ik}^{l}(一阶导数的量)产生

$$10\begin{pmatrix}4\\n\end{pmatrix}+40\begin{pmatrix}4\\n-1\end{pmatrix}-4\begin{pmatrix}4\\n+1\end{pmatrix}$$

个相关的第 n 阶系数。对于这些系数,场方程(10 个二阶方程和 40 个一阶方程)可以产生

$$N=10\begin{pmatrix}4\\n-2\end{pmatrix}+40\begin{pmatrix}4\\n-1\end{pmatrix}$$

个条件。然而,我们必须从这个数目中减去这 N 个条件之间恒等式的数目

$$4\begin{pmatrix}4\\n-3\end{pmatrix},$$

这些恒等式来源于(三阶的)比安基恒等式。因此有,

$$z = \left[10\binom{4}{n} + 40\binom{4}{n-1} - 4\binom{4}{n+1} \right]$$

$$- \left[10\binom{4}{n-2} + 40\binom{4}{n-1} \right] + 4\binom{4}{n-3}.$$

再次提出因子$\binom{4}{n}$，对于大n，我们得到如下渐近表达式：

$$z \sim \binom{4}{n}\left[0 + \frac{12}{n} \right]. \text{ 故 } z_1 = 12.$$

这里z对所有n值也同样都为正，所以这个方程组在先前所定义的意义上来说，是绝对相容的。令人吃惊的是，空无一物空间的引力方程确定其场与电磁场情况中的麦克斯韦方程组所起的作用，竟然一样强。

相对论性场论

一般性讨论

把物理学从引入"惯性系"（或多个惯性系）的必然性中解放出来，是广义相对论的主要功绩。"惯性系"这一概念不令人满意，其原因在于：它从所有可能的坐标系中挑选了某些坐标系，而并没有任何更深刻的依据。然后还要假设物理学定律（例如惯性定律和光速不变定律）仅在这样的惯性系中成立。这样，空间本身就在物理学系统中被指派了一个特殊的角色，使它与物理描述的所有其他要素区分开。空间在所有过程中都起着决定性作用，而它却从不受这些过程的影响。虽然这样一个理论在逻辑上可能，它却很不令人满意。牛

顿早已充分地觉察了这一缺陷，但是他也清楚地知道，在他那个时代，物理学别无他途可走。在后来的物理学家中，最早关注这一问题的是马赫。

物理学基础的后牛顿进展（post-Newtonian development）中，是哪些革新使得我们能够克服惯性系呢？首先，是由法拉第（Faraday）和麦克斯韦所引入，并应用于他们的电磁理论中的场概念，更准确地说，乃是场这一独立的、不能进一步约化的基本概念的引入。就我们目前的判断而言，广义相对论只能被看作一种场论（field theory）。如果我们还坚持认为现实世界由质点构成，各质点在彼此间相互作用的力影响下运动，那么，广义相对论就不可能得到发展。假如有人据等效原理向牛顿解释为什么惯性质量与引力质量相等，他势必要用下述异议来回答：物体相对于加速参考系的加速度，确实跟有一个引力天体靠近其表面时它所受到的加速度相同；但是，在前一种情况下，产生加速度的物质在哪儿呢？很明显，相对论预设场概念的独立性。

使广义相对论得以建立的数学知识，我们归功于高斯和黎曼的几何学研究。前者在他的曲面论中研究了嵌入到三维欧几里得空间中的曲面的度规性质，并且他还证明了这些性质能够用仅与曲面自身有关而同曲面与它所嵌入的空间之间的关系无关的概念来描述。因为一般来说，在一个曲面上不存在优先的坐标系，所以他的这一研究第一次用广义坐标表达了相关量。黎曼把这个二维曲面论推广到了任意维空间（具有黎曼度规的空间，这个度规由二秩对称张量场来描述）。在他那令人钦佩的研究里，他发现了曲率在更高维度规空间中的一般表达式。

对于建立广义相对论至关重要的数学理论，刚才简单勾勒的发展首先使黎曼度规成了广义相对论中的基本概念，也为摒弃惯性系奠定了基础。然而后来,莱维-齐维塔正确地指出,使摒弃惯性系成为可能的理论要素其实在于无穷小位移场 Γ_{ik}^{l}。而定义它的度规场(对称张量场)g_{ik} 就其确定位移场而言,与摒弃惯性系只有间接的联系。以下考察将使这一点变得更清楚。

从一个惯性系到另一个惯性系的转换,是由一个(特殊类型的)**线性**变换决定的。如果在相距任意远的两点 P_1 和 P_2 处,分别存在两个矢量 $\underset{1}{A^i}$ 和 $\underset{2}{A^i}$,而且它们的对应分量相等($\underset{1}{A^i} = \underset{2}{A^i}$),那么在可允许的变换下,这一关系保持不变。如果在变换公式

$$A^{i^*} = \frac{\partial x^{i^*}}{\partial x^a} A^a$$

中,系数 $\frac{\partial x^{i^*}}{\partial x^a}$ 与 x^a 无关,那么这个矢量分量的变换公式与位置无关。这样,若我们仅限于惯性系,则在不同点 P_1 和 P_2 处的这两个矢量,其对应分量的恒等是一个不变关系。然而,如果我们放弃惯性系概念,从而允许进行任意连续坐标变换,那么系数 $\frac{\partial x^{i^*}}{\partial x^a}$ 将依赖于 x^a,进而隶属于空间中不同两点的两个矢量的分量之恒等丧失其不变含义。因此,不同点处的矢量就不再可以直接进行比较了。据此,在广义相对性理论中,我们不再能够通过对给定张量进行简单的微分而构成新的张量,在这样的理论中,不变构成也要少得多。但是,这一缺陷可以通过引入无穷小位移场来得到补救。无穷小位移场之所以可以取代惯性系,是因为它使我们能够比较两个无限接近的点处的矢量了。从这一概念出发,我们接下来将介绍相对论性场论,并将省略一切与我们的目的无关的内容。

无穷小位移场 $\varGamma$

对于点 P(坐标为 x^i)处的反变矢量 A^i,我们用双线性表达式

$$\delta A^i = -\varGamma^i_{st} A^s \mathrm{d} x^t \tag{2}$$

把它与一个无限接近的点 $(x^i + \mathrm{d} x^i)$ 处的矢量 $(A^i + \delta A^i)$ 关联起来,式中 $\varGamma$ 是 x 的函数。另一方面,如果 A 是矢量场,那么在点 $(x^i + \mathrm{d} x^i)$ 处的 (A^i) 分量等于 $A^i + \mathrm{d} A^i$,其中*

$$\mathrm{d} A^i = A^i_{,t} \mathrm{d} x^t 。$$

在相邻点 $(x^i + \mathrm{d} x^i)$ 处的这两个矢量之差本身也是一个矢量

$$(A^i_{,t} + A^s \varGamma^i_{st}) \mathrm{d} x^t \equiv A^i_t \mathrm{d} x^t,$$

它联系着两个无限接近的点处的矢量场分量。这样,位移场取代了惯性系,因为它体现了以前由惯性系提供的这一联系。圆括号内的表达式(简记为 A^i_t)是一个张量。

A^i_t 的张量特性决定 $\varGamma$ 的变换律。首先,我们有:

$$A^{i\;*}_{k} = \frac{\partial x^{i^*}}{\partial x^i} \frac{\partial x^k}{\partial x^{k^*}} A^i_k 。$$

在两个坐标系中使用相同的指标,并不意味着它指的是对应的分

---

* 跟以前一样,"$,t$"表示普通微商 $\frac{\partial}{\partial x^t}$。

量。也就是说，x 中的 i 和 x^* 中的 i 相互独立地从 1 到 4 取值。经过一些运算之后，这种记法使方程变得更加清晰明了。现在我们作代换，用

$$A_{,k^*}^{i^*} + A^{s^*} \Gamma_{sk}^{i\ *} \qquad 替换 \ A_k^{i\ *},$$

$$A_{,k}^{i} + A^{s} \Gamma_{sk}^{i} \qquad 替换 \ A_k^{i},$$

然后再用

$$\frac{\partial x^{i^*}}{\partial x^i} A^i \qquad 替换 \ A^{i^*},$$

$$\frac{\partial x^k}{\partial x^{k^*}} \cdot \frac{\partial}{\partial x^k} \qquad 替换 \ \frac{\partial}{\partial x^{k^*}},$$

这样可以导出一个方程，这个方程除了 Γ^* 之外，只包含原来系统的场量及其对原来坐标 x 的导数。从这个方程中解出 Γ^*，就可得到我们想要的变换公式：

$$\Gamma_{kl}^{i\ *} = \frac{\partial x^{i^*}}{\partial x^i} \frac{\partial x^k}{\partial x^{k^*}} \frac{\partial x^l}{\partial x^{l^*}} \Gamma_{kl}^{i} - \frac{\partial^2 x^{i^*}}{\partial x^s \partial x^t} \frac{\partial x^s}{\partial x^{k^*}} \frac{\partial x^t}{\partial x^{l^*}} \ 。 \qquad (3)$$

公式（右边）的第二项在一定程度上可以被化简：

$$-\frac{\partial^2 x^{i^*}}{\partial x^s \partial x^t} \frac{\partial x^s}{\partial x^{k^*}} \frac{\partial x^t}{\partial x^{l^*}} = -\frac{\partial}{\partial x^{l^*}} \left(\frac{\partial x^{i^*}}{\partial x^s} \right) \frac{\partial x^s}{\partial x^{k^*}}$$

$$= -\frac{\partial}{\partial x^{l^*}} \left(\frac{\partial x^{i^*}}{\partial x^{k^*}} \right) + \frac{\partial x^{i^*}}{\partial x^s} \frac{\partial^2 x^s}{\partial x^{k^*} \partial x^{l^*}}$$

$$= \frac{\partial x^{i^*}}{\partial x^s} \frac{\partial^2 x^s}{\partial x^{k^*} \partial x^{l^*}} \, 。 \tag{3a}$$

我们称这样的量为**赝张量**(pseudo tensor)。在线性变换下,它像张量一样变换;而在非线性变换下,变换后会包含一个附加项,它不含有待变换的表达式,而仅仅跟变换系数有关。

关于位移场的一些评注

1. 把下标对调可得量 $\tilde{\Gamma}_{kl}^{i}(\equiv \Gamma_{lk}^{i})$,它也是按照(3)式变换的,因此也是一个位移场。

2. 对(3)式进行关于下标 k^* 和 l^* 的对称化(symmetrizing)或反对称化(anti-symmetrizing)后,我们得到两个等式:

$$\underline{\Gamma}_{\underline{kl}}^{i}{}^{*}\left(=\frac{1}{2}\left(\Gamma_{kl}^{i}{}^{*}+\Gamma_{lk}^{i}{}^{*}\right)\right)$$

$$=\frac{\partial x^{i^*}}{\partial x^i}\frac{\partial x^k}{\partial x^{k^*}}\frac{\partial x^l}{\partial x^{l^*}}\Gamma_{\underline{kl}}^{i}-\frac{\partial^2 x^{i^*}}{\partial x^s \partial x^t}\frac{\partial x^s}{\partial x^{k^*}}\frac{\partial x^t}{\partial x^{l^*}}$$

$$\Gamma_{\underline{kl}}^{i}{}^{*}\left(=\frac{1}{2}\left(\Gamma_{kl}^{i}{}^{*}-\Gamma_{lk}^{i}{}^{*}\right)\right)=\frac{\partial x^{i^*}}{\partial x^i}\frac{\partial x^k}{\partial x^{k^*}}\frac{\partial x^l}{\partial x^{l^*}}\Gamma_{\underline{kl}}^{i} \, 。$$

因此,对于 Γ_{lk}^{i} 的两个(对称和反对称)组分,其变换是彼此独立的,即无混合。这样,从变换律的观点来看,它们是独立的量。第二个等式表明,$\Gamma_{\underline{kl}}^{i}$ 像张量一样变换。因此,从变换群的观点来讲,乍一看把这两个组分相加合并成一个量是不自然的。

3. 另一方面,Γ 的两个下标与定义(2)式中的下标所起的作用截然不同,所以我们没有强制性的理由用对于下标的对称性条件来限制 Γ。如果我们进行这样的限制,那么我们将会得到一个纯粹的引力场理论。不过,如果我们不对 Γ 施加限制性对称条件,那么我们将会得到引力定律的推广,而这在我看来是很自然的。

曲率张量

虽然 Γ 场自身不具有张量特性,它却隐含着存在一个张量。要得到这个张量,最容易的办法就是根据(2)式,让矢量 A^i 沿着二维无穷小曲面元的周边(circumference)移动,计算它移动一周后的变化量。这个变化量具有矢量特性。

设 $\underset{0}{x^t}$ 是不动点的坐标,x^t 是周边上另一点的坐标。那么,$\xi^t = x^t - \underset{0}{x^t}$ 对于周边上所有的点都是小量,它可以用作数量级定义的基础。

这样一来,待计算的积分 $\oint \delta A^i$ 可以更加明了地写成

$$-\oint \underline{\Gamma^i_{st}} \, \underline{A^s} \, \mathrm{d}x^t \text{ 或} -\oint \underline{\Gamma^i_{st}} \, \underline{A^s} \, \mathrm{d}\xi^t \text{。}$$

在被积函数中,量下面划线表示它们应在周边上相继各点取值(而不是取初始点 $\xi^t = 0$ 处的值)。

我们首先在最低级近似下计算周边上任意一点 ξ^t 处的 $\underline{A^i}$ 值。这个最低级近似就是先把积分路径展开成开放路径,然后把被积函数 Γ^i_{st} 和 $\underline{A^s}$ 用积分初始点($\xi^t = 0$)处的 Γ^i_{st} 和 A^s 值来代替。这样积分给出

$$\underline{A^i} = A^i - \Gamma^i_{st} A^s \int \mathrm{d}\xi^t = A^i - \Gamma^i_{st} A^s \xi^t \text{。}$$

这里我们所忽略掉的,是 ξ 中二阶及二阶以上的高阶项。采用同样的近似,马上可得

相对论的意义

$$\underline{\Gamma}^i_{st} = \Gamma^i_{st} + \Gamma^i_{st,r}\,\xi^r。$$

把这些表达式代入上面的积分公式中,通过选取适当的求和指标,我们首先得到

$$-\oint(\Gamma^i_{st} + \Gamma^i_{st,q}\xi^q)(A^s - \Gamma^s_{pq}A^p\xi^q)\mathrm{d}\xi^t,$$

式中除了ξ以外,所有量都须取其在积分初始点上的值。然后我们求得

$$-\Gamma^i_{st}A^s\oint\mathrm{d}\xi^t - \Gamma^i_{st,q}A^s\oint\xi^q\mathrm{d}\xi^t$$
$$+\Gamma^i_{st}\Gamma^s_{pq}A^p\oint\xi^q\mathrm{d}\xi^t,$$

其中积分沿着闭合周边进行。(因为第一项中的积分部分为零,所以第一项等于零。)与$(\xi)^2$成正比的项都被忽略掉了,因为它们属于高阶项。剩下的两项可以合并写成

$$[-\Gamma^i_{pt,q} + \Gamma^i_{st}\Gamma^s_{pq}]A^p\oint\xi^q\mathrm{d}\xi^t。$$

这就是矢量A^i沿着周边移动之后的变化量ΔA^i。我们有

$$\oint\xi^q\mathrm{d}\xi^t = \oint\mathrm{d}(\xi^q\xi^t) - \oint\xi^t\mathrm{d}\xi^q = -\oint\xi^t\mathrm{d}\xi^q。$$

所以,这一积分关于t和q反对称,另外,它还具有张量特性。我们把它记为f^{tq}。如果f^{tq}是**任意**张量,那么ΔA^i的矢量特性,意味着倒数

145

第二个式子中括号内的表达式具有张量特性。即便如此,我们只能推断括号中的表达式在关于指标 t 和 q 反对称化之后有张量特性。这就是**曲率张量**

$$R^{i}_{klm} \equiv \Gamma^{i}_{kl,m} - \Gamma^{i}_{km,l} - \Gamma^{i}_{sl}\Gamma^{s}_{km} + \Gamma^{i}_{sm}\Gamma^{s}_{kl} \circ \qquad (4)$$

所有指标的位置也都由此而固定了。缩并 i 指标和 m 指标,可得**缩并的曲率张量**:

$$R_{ik} \equiv \Gamma^{s}_{ik,s} - \Gamma^{s}_{is,k} - \Gamma^{s}_{it}\Gamma^{t}_{sk} + \Gamma^{s}_{ik}\Gamma^{t}_{st} \circ \qquad (4a)$$

λ 变换

曲率有一个性质,这个性质对于后面的讨论很重要。对于位移场 Γ,我们可以根据公式

$$\Gamma^{l}_{ik}{}^{*} = \Gamma^{l}_{ik} + \delta^{l}_{i}\lambda_{,k} \qquad (5)$$

定义新的位移场 Γ^{*},式中 λ 是坐标的一个任意函数,δ^{l}_{i} 是克罗内克张量(Kronecker tensor,"λ 变换")。如果用(5)式的右边替换 Γ^{*} 而得到 $R^{i}_{klm}(\Gamma^{*})$,那么 λ 就被消去了。因此

$$\left.\begin{array}{l} R^{i}_{klm}(\Gamma^{*}) = R^{i}_{klm}(\Gamma) \\ R_{ik}(\Gamma^{*}) = R_{ik}(\Gamma) \end{array}\right\} \qquad (6)$$

曲率在 λ 变换下保持不变("λ 不变性")。所以,一个理论如果只在曲

率张量内含有 Γ，那么它将不能完全确定 Γ 场，而只能确定到保持任意的函数 λ。在这样一个理论中，Γ 和 Γ^* 将被看成是同一个场的不同表示，就像 Γ^* 仅仅是由 Γ 通过坐标变换而得来的一样。

值得注意的是，λ 变换跟坐标变换不同，它从关于 i 指标和 k 指标对称的 Γ 得到了非对称的 Γ^*。在这样的理论中，Γ 的对称性条件丧失了客观意义。

我们将看到，λ 不变性的主要意义在于它能对场方程组的"强度"产生影响。

"转置不变性"要求

引入非对称场（non-symmetric fields）将会遇到下列困难。若 Γ_{ik}^{l} 是位移场，则 $\widetilde{\Gamma}_{ik}^{l}$ ($=\Gamma_{ki}^{l}$) 也是位移场；若 g_{ik} 是张量，则 $\widetilde{g}_{ik}$ ($=g_{ki}$) 也是张量。这样就产生了一大堆协变形式，我们不可能仅根据相对性原理从中作出选择。下面，我们将通过一个例子来说明这一困难，同时还将说明可以用怎样一种自然的方式克服它。

在对称场理论中，张量

$$(W_{ikl}\equiv)g_{ik,l} - g_{sk}\,\Gamma_{il}^{s} - g_{is}\,\Gamma_{lk}^{s}$$

起着重要的作用。如果令它等于零，那么我们得到一个方程，它允许通过 g 表示 Γ，即消去 Γ。我们知道：（1）$A_{t}^{i} \equiv A_{,t}^{i} + A^{s}\Gamma_{st}^{i}$ 是张量（前已证明），（2）任意一个反变张量都可以写成 $\sum\limits_{t} A_{(t)}^{i} B_{(t)}^{k}$ 的形式。从这两个事实出发，我们可以很容易证明：如果场 g 和 Γ 不再是对称的，上述表达式也仍然具有张量特性。

但是，在后一种情况下，如果（比方说）把最后一项中的 Γ_{lk}^{s} 转置，即用 Γ_{kl}^{s} 替换之*，张量特性并不失去［这是因为 $g_{ik}(\Gamma_{kl}^{s} - \Gamma_{lk}^{s})$ 是

---

* 英文版误为 Γ_{lk}^{s}。——译者

147

张量]。还有其他一些形式，虽然并不这么简单，但是它们仍能保持张量特性，而且我们还可以把它们作为上述表达式在非对称场情况下的推广。因此，如果我们要通过令上述表达式等于零来把 g 和 Γ 之间的关系式推广到非对称场的情况，那么这似乎包含任意的选择。

但是，上述形式有一个可以把它和其他可能的形式区分开来的性质。如果同时用 $\tilde{g}_{ik}$ 替换 g_{ik}，用 $\tilde{\Gamma}_{ik}^l$ 替换 Γ_{ik}^l，然后再对换 i 指标和 k 指标，它就变换成它自身：它对指标 i 和 k 是"转置对称的"（transposition symmetric）。通过令这个表达式等于零而得到的方程是"转置不变的"（transposition invariant）。如果 g 和 Γ 是对称的，这个条件当然也满足；它是场量对称这一条件的推广。

对于非对称场的场方程，我们假定它们是**转置不变的**。我认为这个假定从物理上来说对应于一个要求：正电和负电对称地进入物理学定律中。

看一眼（4a）式就可发现，张量 R_{ik} 并不是完全转置对称的，因为转置后它变成了

$$\left(R_{lk}^* = \right)\ \Gamma_{ik,s}^s - \Gamma_{sk,i}^s - \Gamma_{it}^s \Gamma_{sk}^t + \Gamma_{ik}^s \Gamma_{ts}^t 。 \qquad (4b)$$

这个情况是我们在建立转置不变的场方程的努力过程中所碰到的诸多困难的根源。

赝张量 U_{ik}^l

可以证明，通过引入稍微有些不同的赝张量 U_{ik}^l 而不是 Γ_{ik}^l，可以由 R_{ik} 构造出转置对称的张量。在（4a）式中，两个关于 Γ 的线性项可以在形式上合并成一项。用 $\left(\Gamma_{ik}^s - \Gamma_{it}^t \delta_k^s \right)_{,s}$ 替换 $\Gamma_{ik,s}^s - \Gamma_{is,k}^s$，并定义一个新的赝张量 U_{ik}^l：

$$U_{ik}^{l} \equiv \Gamma_{ik}^{l} - \Gamma_{it}^{t}\delta_{k}^{l} \text{。} \tag{7}$$

因为在(7)式中缩并k指标和i指标,可得

$$U_{it}^{t} = -3\,\Gamma_{it}^{t}\,,$$

所以我们可以用U把Γ写成:

$$\Gamma_{ik}^{l} = U_{ik}^{l} - \frac{1}{3}U_{it}^{t}\delta_{k}^{l} \text{。} \tag{7a}$$

把它代入(4a)式,我们可得用U表示的缩并的曲率张量:

$$S_{ik} \equiv U_{ik,s}^{s} - U_{it}^{s}U_{sk}^{t} + \frac{1}{3}U_{is}^{s}U_{tk}^{t} \text{。} \tag{8}$$

然而,这一表示式是转置对称的,正因为这样,才使得赝张量U在非对称场的理论中如此有价值。

U的λ变换 如果在(5)式中用U替换Γ,经过简单的计算后,我们可得

$$U_{ik}^{l}{}^{*} = U_{ik}^{l} + (\,\delta_{i}^{l}\lambda_{,k} - \delta_{k}^{l}\lambda_{,i}\,) \text{。} \tag{9}$$

这个方程定义了U的λ变换。(8)式在这个变换下保持不变$[S^{ik}(U^{*}) = S_{ik}(U)]$。

U的变换律 如果在(3)式和(3a)式中用U替换Γ,根据(7a)

149

式,我们可得

$$U_{ik}^{l\,*}=\frac{\partial x^{l^*}}{\partial x^l}\frac{\partial x^i}{\partial x^{i^*}}\frac{\partial x^k}{\partial x^{k^*}}U_{ik}^l+\frac{\partial x^{l^*}}{\partial x^s}\frac{\partial^2 x^s}{\partial x^{i^*}\partial x^{k^*}}-\delta_{k^*}^{l^*}\frac{\partial x^{t^*}}{\partial x^s}\frac{\partial^2 x^s}{\partial x^{i^*}\partial x^{t^*}}\,\,\text{。}(10)$$

再一次注意到,此处两个系统的指标都彼此**相互独立地**从1到4取值,即使它们使用了相同的字母。关于这一公式,值得注意的是,因为存在最后那一项,所以它不是关于指标 i 和 k 转置对称的。这一特殊事实可以这样来澄清,即证明这一变换可当作转置对称的坐标变换和 λ 变换的复合变换。为了看清这一点,我们首先把最后一项写成如下形式:

$$-\frac{1}{2}\left[\delta_{k^*}^{l^*}\frac{\partial x^{t^*}}{\partial x^s}\frac{\partial^2 x^s}{\partial x^{i^*}\partial x^{t^*}}+\delta_{i^*}^{l^*}\frac{\partial x^{t^*}}{\partial x^s}\frac{\partial^2 x^s}{\partial x^{k^*}\partial x^{t^*}}\right]$$

$$+\frac{1}{2}\left[\delta_{i^*}^{l^*}\frac{\partial x^{t^*}}{\partial x^s}\frac{\partial^2 x^s}{\partial x^{k^*}\partial x^{t^*}}-\delta_{k^*}^{l^*}\frac{\partial x^{t^*}}{\partial x^s}\frac{\partial^2 x^s}{\partial x^{i^*}\partial x^{t^*}}\right]\text{。}$$

在这两项中,第一项是转置对称的。我们把它和(10)式右边的前两项合并为一个表达式 $K_{ik}^{l\,*}$。现在,我们考虑:如果在变换

$$U_{ik}^{l*}=K_{ik}^{l*}$$

之后,再进行 λ 变换

$$U_{ik}^{l**}=U_{ik}^{l*}+\delta_{i^*}^{l^*}\lambda_{,k^*}-\delta_{k^*}^{l^*}\lambda_{,i^*},$$

那么，我们能够从中得到什么。联立以上两式，可得

$$U_{ik}^{l**} = K_{ik}^{l*} + (\delta_{i^*}^{l^*} \lambda_{,k^*} - \delta_{k^*}^{l^*} \lambda_{,i^*})。$$

这意味着只要（10a）式能够写成 $\delta_{i^*}^{l^*} \lambda_{,k^*} - \delta_{k^*}^{l^*} \lambda_{,i^*}$ 这样的形式，那么（10）式就可以被看作是这种复合变换。为此只须证明，存在着一个 λ，它能使得

$$\frac{1}{2} \frac{\partial x^{t^*}}{\partial x^s} \frac{\partial^2 x^s}{\partial x^{k^*} \partial x^{t^*}} = \lambda_{,k^*} \tag{11}$$

$$\left(及 \frac{1}{2} \frac{\partial x^{t^*}}{\partial x^s} \frac{\partial^2 x^s}{\partial x^{i^*} \partial x^{t^*}} = \lambda_{,i^*}\right)。$$

为了对到现在为止仍只是假设方程的左边进行变换，我们必须先用逆变换的系数 $\frac{\partial x^a}{\partial x^{b^*}}$ 来表示 $\frac{\partial x^{t^*}}{\partial x^s}$。一方面，

$$\frac{\partial x^p}{\partial x^{t^*}} \frac{\partial x^{t^*}}{\partial x^s} = \delta_s^p。 \tag{a}$$

另一方面，

$$\frac{\partial x^p}{\partial x^{t^*}} V_{t^*}^s = \frac{\partial x^p}{\partial x^{t^*}} \frac{\partial D}{\partial \left(\frac{\partial x^s}{\partial x^{t^*}}\right)} = D \delta_s^p。*$$

----

* 英文版此式误为 $\frac{\partial x^p}{\partial x^{t^*}} V_{t^*}^s = \frac{\partial x^p}{\partial x^{t^*}} \frac{\partial D}{\partial \left(\frac{\partial x^s}{\partial x^{t^*}}\right)} = D\delta_s^p。$ ——译者

这里，V_t^s 表示 $\dfrac{\partial x^s}{\partial x^{t'}}$ 的余子式，因而它反过来也可以被表示成行列式

$D = \left| \dfrac{\partial x^a}{\partial x^{b'}} \right|$ 对 $\dfrac{\partial x^s}{\partial x^{t'}}$ 的导数。因此，我们还有

$$\frac{\partial x^p}{\partial x^{t'}} \cdot \frac{\partial \lg D}{\partial \left(\dfrac{\partial x^s}{\partial x^{t'}} \right)} = \delta_s^p 。 \qquad (b)$$

由(a)式和(b)式，得

$$\frac{\partial x^{t'}}{\partial x^s} = \frac{\partial \lg D}{\partial \left(\dfrac{\partial x^s}{\partial x^{t'}} \right)} 。$$

根据这一关系，(11)式的左边可以写成

$$\frac{1}{2} \frac{\partial \lg D}{\partial \left(\dfrac{\partial x^s}{\partial x^{t'}} \right)} \left(\frac{\partial x^s}{\partial x^{t'}} \right)_{,k^*} = \frac{1}{2} \frac{\partial \lg D}{\partial x^{k^*}} 。$$

实际上，这暗示着

$$\lambda = \frac{1}{2} \lg D$$

满足(11)式。这就证明了变换(10)可以看作是转置对称变换

$$U_{ik}^{l\,*} = \frac{\partial x^{l^*}}{\partial x^l}\frac{\partial x^i}{\partial x^{i^*}}\frac{\partial x^k}{\partial x^{k^*}}U_{ik}^l + \frac{\partial x^{l^*}}{\partial x^s}\frac{\partial^2 x^s}{\partial x^{i^*}\partial x^{k^*}}$$

$$-\frac{1}{2}\left[\delta_{k^*}^{l^*}\frac{\partial x^{l^*}}{\partial x^s}\frac{\partial^2 x^s}{\partial x^{i^*}\partial x^{l^*}} + \delta_{i^*}^{l^*}\frac{\partial x^{l^*}}{\partial x^s}\frac{\partial^2 x^s}{\partial x^{k^*}\partial x^{l^*}}\right] \quad (10b)^*$$

和λ变换的复合变换。因此,(10b)式可以取代变换(10)式成为U的变换公式。U场的任何变换只要仅仅改变其表达式的**形式**,就可以表示成一个由(10b)式所示的坐标变换和λ变换的复合变换。

变分原理和场方程

根据变分原理(variational principle)推导场方程具有以下优点:它能保持所得到的方程组的相容性;它可以系统地得到与广义协变性相联系的恒等式("比安基恒等式")以及守恒定律。

对积分进行变分,要求被积函数$\mathfrak{H}$是标量密度。我们将用R_{ik}或S_{ik}来构造这样一个密度函数。最简单的办法就是为Γ或U各引入一个权重为1的张量密度$\mathfrak{g}^{ik}$,令

$$\mathfrak{H}=\mathfrak{g}^{ik}R_{ik}(=\mathfrak{g}^{ik}S_{ik})\text{。} \quad (12)$$

则$\mathfrak{g}^{ik}$的变换律必定是

$$\mathfrak{g}^{ik^*} = \frac{\partial x^{i^*}}{\partial x^i}\frac{\partial x^{k^*}}{\partial x^k}\mathfrak{g}^{ik}\left|\frac{\partial x^t}{\partial x^{t^*}}\right|, \quad (13)$$

其中,虽然不同坐标系的指标再次使用相同的字母,但是它们仍然

---

* 原文未标明(10a)式。——译者

必须被看作是相互独立的。这样我们实际上得到

$$\int \mathfrak{H}^* \mathrm{d}\tau^* = \int \frac{\partial x^{i^*}}{\partial x^i} \frac{\partial x^{k^*}}{\partial x^k} \, \mathfrak{g}^{ik} \left| \frac{\partial x^t}{\partial x^{t^*}} \right| \cdot \frac{\partial x^s}{\partial x^{i^*}} \frac{\partial x^t}{\partial x^{k^*}} \, S_{st} \left| \frac{\partial x^{r^*}}{\partial x^r} \right| \mathrm{d}\tau$$

$$= \int \mathfrak{H} \mathrm{d}\tau,$$

即,积分是变换不变的。而且,因为 R_{ik} 可以分别由 Γ 或 U 表示,所以积分在 λ 变换(5)式或(9)式下是不变的,因而 $\mathfrak{H}$ 是 λ 变换不变的。由此可得,通过对 $\int \mathfrak{H} \mathrm{d}\tau$ 进行变分而导出的场方程,也同样具有关于坐标变换和 λ 变换的协变性。

但是,我们还假定场方程对 $\mathfrak{g}, \Gamma$ 两场(或场 $\mathfrak{g}, U$)转置不变。如果 $\mathfrak{H}$ 是转置不变的,那么这一点就可以得到保证。我们已经知道 R_{ik} 用 U 表示是转置对称的,而用 Γ 表示则不是。因此,只有在 $\mathfrak{g}^{ik}$ 之外再引入 U(而不是 Γ)作为场变量,$\mathfrak{H}$ 才是转置不变的。在那种情况下,我们从一开始就确信:通过对 $\int \mathfrak{H} \mathrm{d}\tau$ 进行关于场变量的变分而导出的场方程是转置不变的。

通过对 $\mathfrak{H}$[方程(12)和(8)]进行关于 $\mathfrak{g}$ 和 U 的变分,我们求得,

$$\left.
\begin{aligned}
&\delta \mathfrak{H} = S_{ik} \delta \mathfrak{g}^{ik} - \mathfrak{N}_l^{ik} \delta U_{ik}^l + (\mathfrak{g}^{ik} \delta U_{ik}^s)_{,s} \\
&\text{其中 } S_{ik} = U_{ik,s}^s - U_{it}^s U_{sk}^t + \frac{1}{3} U_{is}^s U_{tk}^t, \\
&\mathfrak{N}_l^{ik} = \mathfrak{g}_{,l}^{ik} + \mathfrak{g}^{sk} \left(U_{sl}^i - \frac{1}{3} U_{st}^t \delta_l^i \right) + \mathfrak{g}^{is} \left(U_{ls}^k - \frac{1}{3} U_{ts}^t \delta_l^k \right).
\end{aligned}
\right\} \quad (14)$$

场方程

我们的变分原理是:

$$\delta\left(\int \mathfrak{H} d\tau\right) = 0。 \tag{15}$$

对 $\mathfrak{g}^{ik}$ 和 U^l_{ik} 的变分是独立进行的，它们的变分在积分区域的边界上为零。这一变分将首先给出

$$\int \delta H d\tau = 0。$$

若把(14)式中的表达式代入上式，则 $\delta\mathfrak{H}$ 表达式的最后一项不起任何作用，因为 δU^l_{ik} 在边界处为零。因此，我们得到场方程：

$$S_{ik} = 0 \tag{16a}$$

$$\mathfrak{N}^{ik}_l = 0。 \tag{16b}$$

从我们对变分原理的选择就明显知道，它们是关于坐标变换和 λ 变换不变的，亦是转置变换不变的。

恒等式

这些场方程彼此并不独立。在它们之间存在着 $4+1$ 个恒等式。也就是说，不论 $\mathfrak{g}$-U 场是否满足场方程，方程中左边部分之间总有 $4+1$ 个等式成立。

因为 $\int \mathfrak{H} d\tau$ 在坐标变换和 λ 变换下都不变，所以这些恒等式可以用公认的方法推导出来。

变分 $\delta\mathfrak{g}$ 和 δU 分别来源于无穷小坐标变换和无穷小 λ 变换。如果我们把它们代入 $\delta\mathfrak{H}$ 中，那么由于 $\int \mathfrak{H} d\tau$ 的不变性，它的变分恒为零。

无穷小坐标变换可以由下式描述：

155

$$x^{i^*} = x^i + \xi^i, \tag{17}$$

其中 ξ^i 是任意的无穷小矢量。现在,我们必须根据方程(13)或(10b),用 ξ^i 表示 $\delta\mathfrak{g}^{ik}$ 和 δU_{ik}^l。由于(17)式,我们必须用

$$\delta_b^a + \xi_{,b}^a \text{ 替代 } \frac{\partial x^{a^*}}{\partial x^b},$$

$$\delta_b^a - \xi_{,b}^a \text{ 替代 } \frac{\partial x^a}{\partial x^{b^*}},$$

并忽略所有 ξ 的阶数大于1的项。这样,我们可得:

$$\delta\mathfrak{g}^{ik}(=\mathfrak{g}^{ik^*}-\mathfrak{g}^{ik}) = \mathfrak{g}^{sk}\xi_{,s}^i + \mathfrak{g}^{is}\xi_{,s}^k - \mathfrak{g}^{ik}\xi_{,s}^s + \left[-\mathfrak{g}_{,s}^{ik}\xi^s\right] \tag{13a}$$

$$\delta U_{ik}^l (= U_{ik}^{l*} - U_{ik}^l) = U_{ik}^s\xi_{,s}^l - U_{sk}^l\xi_{,i}^s$$
$$-U_{is}^l\xi_{,k}^s + \xi_{,ik}^l + \left[-U_{ik,s}^l\xi^s\right]。 \tag{10c}$$

这里请大家注意:变换公式使场变量在**连续统的同一点**上有了新的值。上述计算首先给出 $\delta\mathfrak{g}^{ik}$ 和 δU_{ik}^l 的表达式(不含方括号中的项)。另一方面,在变分计算中,$\delta\mathfrak{g}^{ik}$ 和 δU_{ik}^l 表示的是对**坐标固定值**的变分。为了得到这些结果,我们必须在最初的结果中添加方括号项。

如果我们把这些"变换变分"$\delta\mathfrak{g}$ 和 δU 代入(14)式中,那么积分 $\int\mathfrak{H}d\tau$ 的变分恒为零。而且,如果选择 ξ^i 使其及其一阶导数在积分区域的边界上为零,那么(14)式中的最后一项贡献为零。因此,如果分别用(13a)式和(10c)式来代替 $\delta\mathfrak{g}^{ik}$ 和 δU_{ik}^l,那么积分

$$\int (S_{ik}\delta \mathfrak{g}^{ik} - \mathfrak{N}_l^{ik}\delta U_{ik}^l)\mathrm{d}\tau$$

恒为零。因为这一积分线性齐次地依赖于 ξ^i 及其导数,所以我们可以通过反复地进行分部积分,把它写成如下形式:

$$\int \mathfrak{M}_i \xi^i \mathrm{d}\tau,$$

其中 $\mathfrak{M}_i$ 是一个已知的(S_{ik} 的一次和 $\mathfrak{N}_l^{ik}$ 的二次)表达式。由此可得以下恒等式:

$$\mathfrak{M}_i \equiv 0。 \tag{18}$$

这些是关于场方程左边的 S_{ik} 和 $\mathfrak{N}_l^{ik}$ 的四个恒等式,它们对应于比安基恒等式。用先前介绍的术语来说,这些恒等式是三阶的。

另外还存在着第五个恒等式,它对应于积分 $\int\mathfrak{H}\mathrm{d}\tau$ 在无穷小 λ 变换下的不变性。这里,我们必须把

$$\delta \mathfrak{g}^{ik} = 0 \text{ 和 } \delta U_{ik}^l = \delta_i^l \lambda_{,k} - \delta_k^l \lambda_{,i}$$

代入(14)式。其中,λ 是无穷小量,它在积分区域的边界处为零。这样,首先得到

$$\int \mathfrak{N}_l^{ik}(\delta_i^l \lambda_{,k} - \delta_k^l \lambda_{,i})\mathrm{d}\tau = 0。$$

或者,经过分部积分,可得

$$2\int \mathfrak{N}^{is}_{s,i}\lambda\,\mathrm{d}\tau = 0。$$

[在一般情况下,其中的 $\mathfrak{N}^{ik}_{l} = \frac{1}{2}(\mathfrak{N}^{ik}_{l} - \mathfrak{N}^{ki}_{l})$]。

这就得到了想要的恒等式

$$\mathfrak{N}^{is}_{s,i} \equiv 0。 \tag{19}$$

用我们的术语来说,这是二阶恒等式。对于 $\mathfrak{N}^{is}_{s}$,我们可以从(14)式直接计算得到,

$$\mathfrak{N}^{is}_{s} \equiv \mathfrak{g}^{is}_{,s}。 \tag{19a}$$

因此,如果场方程(16b)能够满足,那么我们有

$$\mathfrak{g}^{is}_{,s} = 0。 \tag{16c}$$

对物理解释的注释 跟电磁场的麦克斯韦理论加以比较,我们可以把(16c)式解释为磁流密度为零。如果接受这一观点,那么哪一个表达式应该表示电流密度就清楚了。我们可以通过令

$$\mathfrak{g}^{ik} = g^{ik}\sqrt{-\left|g_{st}\right|} \tag{20}$$

158

而给出张量密度 $\mathfrak{g}^{ik}$ 所对应的张量 g^{ik}。其中，协变张量 g_{ik} 与反变张量存在以下关系：

$$g_{is}g^{ks} = \delta_i^k \text{。} \tag{21}$$

根据这两个等式，我们有

$$g^{ik} = \mathfrak{g}^{ik}\left(-|\mathfrak{g}^{st}|\right)^{-\frac{1}{2}} \text{。}$$

然后由等式（21）可得 g_{ik}。这样，我们就可以假设

$$\left(a_{ikl}\right) = g_{\underline{ik},l} + g_{\underline{kl},i} + g_{\underline{li},k} \tag{22}$$

或

$$\mathfrak{a}^m = \frac{1}{6}\,\eta^{iklm}a_{ikl} \tag{22a}$$

代表电流密度。其中 η^{iklm} 是莱维-齐维塔张量密度（具有分量 ± 1），它对所有指标都是反对称的。这个量的散度恒为零。

方程组（16a），（16b）的强度

在应用先前所述的计算方法之前，我们必须注意到这样一个事实：所有从一个给定的 U 通过（9）式形式的 λ 变换而得到的 U^*，实际上都表示同一个 U 场。于是有如下推论：在 U_{ik}^l 展开的第 λ 阶系数中含有 $\binom{4}{n}$ 个 λ 的 n 阶导数，对它们的选择实际上并不影响对不同 U

场的区分。因此,在计算与计量U场相关的展开系数的数目时,应当减去$\binom{4}{n}$。用这样的计量方法,我们得到的n阶自由系数的数目是

$$z = \left[16\binom{4}{n} + 64\binom{4}{n-1} - 4\binom{4}{n+1} - \binom{4}{n} \right]$$
$$- \left[16\binom{4}{n-2} + 64\binom{4}{n-1} \right] + \left[4\binom{4}{n-3} + \binom{4}{n-2} \right] \text{。} \quad (23)$$

第一个方括号表示的是相关的n阶系数的总数(这些系数确定了$\mathfrak{g}$-U场);第二个方括号是因存在场方程而须减去的数目;第三个方括号是在考虑到恒等式(18)和(19)后,对这个减少的修正。对大n计算其渐近值,我们求得

$$z \sim \binom{4}{n} \frac{z_1}{n} , \quad (23a)$$

其中

$$z_1 = 42 \text{。}$$

因此,非对称场的场方程比纯引力场的场方程($z_1 = 12$)弱得多。

λ不变性对方程组强度的影响 也许可以尝试从转置不变的表达式

$$\mathfrak{H} = \frac{1}{2} \left(\mathfrak{g}^{ik} R_{ik} + \widetilde{\mathfrak{g}}^{ik} \widetilde{R}_{ik} \right)$$

开始（而不是引进 U 作为场变量）来构造理论的转置不变性。当然，这样得到的理论肯定与先前所详细阐述的理论有所不同。我们可以看出，对于这个 $\mathfrak{H}$，不存在 λ 不变性。这里，我们也可以得到与（16a）式和（16b）式相类似的场方程，而且它们还是（关于 $\mathfrak{g}$ 和 Γ）转置不变的。但是，在这些场方程之间，只存在四个"比安基恒等式"。这样，如果把方程组强度的计量方法应用于这个方程组中，那么我们可以得到与（23）式相对应的公式，只是少了第一个方括号内的第四项和第三个方括号内的第二项而已。我们可得

$$z_1 = 48。$$

因此，此方程组比我们所选择的方程组弱，因而不予采纳。

与先前的场方程组进行比较　两者比较如下：

$$\Gamma_{is}^{s} = 0 \qquad\qquad\qquad R_{\underline{ik}} = 0$$

$$g_{ik,l} - g_{sk}\Gamma_{il}^{s} - g_{is}\Gamma_{lk}^{s} = 0 \qquad R_{\underline{ik},l} + R_{\underline{kl},i} + R_{\underline{li},k} = 0$$

其中 R_{ik} 由（4a）式定义为 Γ 的函数 $\left[\text{其中 } R_{\underline{ik}} = \dfrac{1}{2}\left(R_{ik} + R_{ki}\right), R_{ik} = \dfrac{1}{2}\right.$ $\left.(R_{ik} - R_{ki})\right]$。

此方程组与新的方程组（16a）和（16b）完全等价，因为它们是对同一个积分进行变分而得到的。该方程组关于 g_{ik} 和 Γ_{ik}^{l} 转置不变。但是，两者之间也存在着以下差别。应取变分的积分本身不是转置不变的，取其变分而首先获得的方程组也不是；然而，它却在 λ 变换（5）下保持不变。为了得到转置不变性，我们必须使用一些技巧。现在，我们在形式上引进四个新的场变量 λ_i，并且进行适当的选择，使得它们在变分后满足方程 $\Gamma_{is}^{s} = 0^*$。这样，在进行了关于 Γ 的变分

---

* 通过令 $\Gamma_{ik}^{l*} = \Gamma_{ik}^{l} + \delta_i^l\,\lambda_k$。

后,我们得到了场方程,它们具有转置不变的形式。但是,关于R_{ik}的方程仍然含有辅助变量λ_i。然而,我们有办法把它们消除,这将会导致这些方程按上述方式分解。这样得到的方程也是(对于$\mathfrak{g}$和Γ)转置不变的。

假设方程$\Gamma^s_{is}=0$能够对Γ场进行归一化,而这会使方程组失去λ不变性。结果,并非Γ场所有的等价表示都是方程组的解。这里发生的情况,可与在纯引力场方程中附加任意方程(它限制坐标的选择)的过程相比较。而且在我们的情况下,方程组将变得不必要地复杂。但是只要我们从关于$\mathfrak{g}$和U转置不变的变分原理出发,并自始至终把$\mathfrak{g}$和U当作场变量,就完全可以在新的表示中避免这些困难。

散度定律及动量与能量守恒定律

如果场方程得到满足,且变分是变换变分,那么在(14)式中不但S_{ik}和$\mathfrak{R}^{ik}_l$为零,而且$\delta\mathfrak{H}$也等于零,所以由场方程可得

$$\left(\mathfrak{g}^{ik}\delta U^s_{ik}\right)_{,s}=0,$$

其中δU^s_{ik}由(10c)式给出。这一散度定律(divergence law)对任意选择的矢量ξ^i都成立。最简单的特殊选择是让ξ^i独立于x,由此产生以下四个方程

$$\mathfrak{T}^s_{t,s}\equiv\left(\mathfrak{g}^{ik}U^s_{ik,t}\right)_{,s}=0。$$

这些可被解释和应用为动量与能量守恒方程。应当注意,这样的守恒方程决不能被场方程组唯一地确定。有趣的是,根据方程

$$\mathfrak{T}_t^s \equiv \mathfrak{g}^{ik} U_{ik,t}^s,$$

对于一个与x^4无关的场,能流密度($\mathfrak{T}_4^1, \mathfrak{T}_4^2, \mathfrak{T}_4^3$)和能量密度$\mathfrak{T}_4^4$都等于零。由此,我们可以得出结论:这个无奇点的静态场理论决不能表示非零质量。

如果采用场方程的最初表述,那么这一推导过程以及守恒定律的形式都将变得非常复杂。

总结

A. 在我看来,这里所陈述的理论是可能的相对论性场论中逻辑上最为简单的。但是,这并不意味着自然界(nature)不会遵循一个更为复杂的场论。

一些更为复杂的场论曾经屡被提出。它们大致可以根据以下特征进行分类:

(a)增加连续统的维数。在这种情况下,我们必须解释为什么连续统**表观上**限于四维。

(b)除了位移场及其相关张量场g_{ik}(或$\mathfrak{g}^{ik}$)以外,还引进了其他不同类型的场(比如矢量场)。

(c)引进更高(微分)阶数的场方程。

在我看来,只有当存在物理—经验理由(physical-empirical reasons)时,才应当考虑这些更为复杂的系统及其组合。

B. 场论尚未完全由场方程组所决定。我们应当承认会出现奇点吗?我们应当假定边界条件吗?对于第一个问题,我认为奇点必须被排除。在我看来,在连续统理论中引进场方程对之失效的点(或线等等)是不合理的。而且,引进奇点等价于在围绕奇点的紧邻"曲面"上假定边界条件(它从场方程的观点来看是任意的)。没有这样的假定,理论就太含糊了。我认为,第二个问题的答案是:边界条件的假定是不可缺少的。我将举一个初等例子来说明这一点。我们假定势 ϕ 具有 $\phi = \sum \frac{m}{r}$ 的形式,这类似于要求在质点以外(三维中)ϕ 满足方程 $\Delta\phi = 0$。但如果我们不添加 ϕ 在无穷远处为 0(或保持有限)这一边界条件,就存在这样的解:它们是 x 的整函数[例如 $x_1^2 - \frac{1}{2}(x_2^2 + x_3^2)$],而在无穷远处为无穷大。对于这样的场,如果空间是"开放"空间,那么只有通过假定一个边界条件来排除。

C. 是否可以想象一个场论能让人们去理解实在(reality)的原子结构和量子结构(quantum structure)?对于这一问题,几乎人人都会给出否定的回答。但是,我相信目前无人知道关于这一问题的可靠依据。这是因为我们无法判断,在排除了奇点之后,解的流形将会在多大程度上得到约化。我们根本没有任何办法来系统地导出没有奇点的解。近似方法在此是失效的,因为我们永远不会知道对于一个特定的近似解,是否存在着**没有奇点**的精确解。正因如此,我们目前仍不能拿非线性场论(nonlinear field theory)的内容跟经验相比较。只有在数学方法上的重大进展,方可有所助益。目前盛行的观点是,场论首先必须根据大致确立的规则,通过"量子化"(quantization),变换成一个关于场概率的统计理论(statistical theory of field probabilities)。我认为,这种方法仅仅是一种用线性方法(linear methods)描述本质上非线性特性(nonlinear character)的关系的尝试。

D. 人们可以给出一个很好的理由回答为什么实在根本不能用连续场来表示。根据量子现象(quantum phenomena),可以肯定:一个有限能量的有限系统可以用一组有限的数字(量子数)来描述。这看上去与连续统理论并不一致,因而必然导致人们试图寻求一个纯粹的代数理论来描述实在。但没有人知道怎样获得这样一个理论的基础。

校后记:100年后谈广义相对论的意义

1915 年的 11 月 25 日是科学史上伟大的一天。在这一天,爱因斯坦公布了他的广义相对论,这是他先前发表的狭义相对论的发展。狭义相对论描述了时间与空间的内在联系,经过十年的努力,爱因斯坦找到了这种时空新关系如何彻底变革牛顿引力理论的正确答案。广义相对论是由一个极其优美且逻辑简明的方程来描述的:

时空的曲率+时空的拉伸 = $8\pi G$×能量动量和内应力的分布,

其中 G 是**牛顿引力常量**。这个方程告诉我们,如果想知道时空的曲率是多少,就应当知道时空中能量动量和内应力是怎样分布的,这个以爱因斯坦姓氏命名的方程,可以用来描述整个宇宙。从那时起,某一物体产生的引力不再被理解成物体对周围事物所施加的吸引力,而被理解成时空的变化。物体对周围时空的挤压或拉伸,迫使周围其他物体偏移,发生变速运动。广义相对论最优美之处是理论自动导致能量守恒定律,而在牛顿理论中必须外加这条守恒定律。

1. 不寻常的百年证实

百年来,人类对宇宙的理解取得了长足的进步。宇宙比我们的祖先所想象的古老得多,也大得多,并且充满了诸如**白矮星**、**中子星**和**黑洞**这些由广义相对论所预言的物体。这使得早期以地球为中心的世界观显得过于自大与狭隘，人类对自然的敬畏部分地转化为对爱因斯坦的崇拜。与以往喜爱古代神话的那部分人群一样，不少青年人喜爱上了科幻小说，事实上科幻同样与现代科学有明显矛盾。对爱因斯坦的崇拜，使得诸如时间机器、平行宇宙、回到未来这样的探索性理论成了好莱坞谋取票房价值的手段。

由于 G 是一个十分小的常量，所以需要很大的质量才能使时空明显地弯曲。倒数 $1/G$ 可以看作时空"刚性"的度量。根据日常经验，时空是非常坚硬的。地球全部质量引起的时空弯曲仅仅是地球表面曲度的十亿分之一，对于日常观测来说，这实在是太小的一个量级。然而广义相对论预言，经过太阳边缘的星光将会弯向太阳，其弯曲程度两倍于牛顿力学所预言的。对这一预言必须等到日全食时才能进行检验，因为只有在日全食的情况下靠近太阳的恒星才能被观察到。在第一次世界大战停战一周年之际，一次日全食所投下的阴影从非洲西部开始，横扫大西洋直达巴西北部。英国天文学家爱丁顿（A. Eddington）率领的一个观测队宣布了观测结果，它与爱因斯坦的预言一致，是牛顿力学计算值的两倍。这是科学史上一个令人崇敬的戏剧性时刻。爱因斯坦在理论上的深刻阐述，已在伟大的自然实验室里得到了证实。

广义相对论的第二个验证是水星**近日点进动**。法国天文学家勒威耶用牛顿定律计算其他行星对水星近日点进动的影响时，发现理论计算和天文观测值之间有百分之一的偏差。为此，许多科学家曾假设这个偏差是由于太阳周围的尘埃，或者是由于太阳不是精确的球形而引起的，但观测否定了这些假设。广义相对论断言这个偏差是由牛顿定律的不精确所引起的，并计算出这个偏差值是每世纪43弧秒，与勒威耶发现的值相符。当雷达能够辨别水星上的山峰和峡谷后，用雷达就能精确地测量水星的轨道，其近日点进动值与广

义相对论所预言的完全一致。

广义相对论的第三个验证是:引力场中的钟应当走得慢些。在引力场里的人,应比没有在引力环境中的人实际上要衰老得慢一些。这一引人注目的时钟变慢效应很小,必须要用精确的原子钟来测量。科学家将一台原子钟放到远离地球的空间轨道上,过了一段时间后,将它收回来与地球上的另一台原子钟比较,观测的结果与广义相对论一致。

令人惊异的是,利用广义相对论可以描述离地球3万光年以外的一对中子星的运动,它们的引力强度要比太阳系中任何一处的引力强 10^5 倍。经过20多年的观测,人们发现这些运动与广义相对论所预言的符合得极好,精确度达到 10^{14} 分之一。打个比方说,这相当于测量地球赤道长度误差不超过阿米巴细菌尺寸的十分之一。

百年证实漫漫路,似乎所有的观测都在证实广义相对论,**引力波**是证实广义相对论预言中等待最久的一个。自从爱因斯坦预言引力波的存在后,科学家们在世界各地投入巨资建造大型探测器,希望能借此倾听来自宇宙深处的声音。人们期待有朝一日能亲耳听到恒星的爆发、中子星的碰撞、黑洞的创生,或许由此而弄清楚宇宙深处的所有奥秘。在2015年9月14日上午9时50分45秒,科学家终于观测到了引力波的信号。该信号的频率是从35—250赫兹,它与广义相对论预言的双恒星质量黑洞的旋转系统并合的波形一致,这是第一次直接观测到引力波,也是第一次观测到双黑洞并合。信号源位于红移 $z=0.09$ 处,距离约为13亿光年。两个初始黑洞的质量分别为 $36M_\odot$ 和 $29M_\odot$,引力辐射的能量为 $3M_\odot c^2$,最终并合的黑洞质量为 $62M_\odot$。

在此之前,在地球上许多不同地方的天线几乎一刻不停地运转着,期待着某个超新星或银河系中心的看不见的**引力坍缩**出现。早在 1969 年,美国物理学家韦伯(Joseph Weber)宣称,他已经取得了很多人认为是不可能的成就:他用重达几吨的铝棒和连接在上面的压电传感器,探测到了引力波。于是,世界各地纷纷请韦伯去作报告,充满激情和幽默感的韦伯,使听众们深受鼓舞。但韦伯的名望很快遭遇到了挑战。虽然他坚信自己所发现的引力波是真实存在的,但越来越多的人开始怀疑他所得到结果的正确性。接下来开始了旷日持久的大论战,争论波及相关的分支领域。韦伯是否真的发现了引力波,我们暂且放在一边,但毋庸置疑,这位伟大的科学家确实激发了全世界寻找广义相对论中一个仍然未被证实的预言的热情。韦伯所制作的探测器的灵敏度也许远远达不到探测引力波的要求。自从 20 世纪 60 年代以来,物理学家已制造出了越来越先进的探测器来从事这一活动。这些探测器使用低温超导材料,比韦伯原先的设备提高了上万倍的功效,超导探测器的问世是引力波探测史上的一个里程碑。

·　　低温共振质量探测器研究中心的关键人物是美国物理学家费尔班克(Bill Fairbank)。他的宏伟目标是制造出能感觉振幅为 10^{20} 分之一的引力波爆发的探测器。换句话说,对于一个几米长的棒来说,所探测到的振动为 10^{-20} 米。这样微小的距离能被测量到吗?从某种意义上讲,这是一个很容易回答的问题,因为测量的是上亿个原子的平均距离。作为一个类比,海浪可以高达数米乃至数十米,但是人造卫星可以将海平面的高度测量到厘米级的精度。费尔班克的梦想在慢慢地变为现实。经过多年的艰苦努力,人们期待着某个超新星或银河系中心的看不见的引力坍缩出现。他们的目的是从这些安装在不同地点的探测器上看到几乎同时的爆发。这些设备已达到非常可靠的地步,它们为世人提供了极佳的发现引力波信号的机会。

　　另一种设想就是用激光干涉方法来探测引力波,分光器将光线分成两条路径,当引力波通过时,一条路径收缩,而另一条路径涨大。这样,我们就可以通过干涉仪输出的条纹图案上所形成的亮度变化探测到引力波的存在。用这种方法探测引力波时,我们应使整个干涉仪悬浮且隔离任何振动。所以,必须使干涉仪内形成真空,尽量增加激光的强度使亮暗变化能观测到。通过计算,要使激光干涉仪达到 10^{-21} 灵敏度,必须装备 10 万瓦的激光器和一条长达几千米的基线。照此推断,引力波的探测不再是一个实验室所能进行的了,它需要建造一个大型观测台。21 世纪初,初始的干涉探测仪建成了,这包括日本的 TAMA300,德国的 GEO600,美国的引力波激光干涉仪(LIGO)和意大利的室女座(Virgo)。直到 2011 年,LIGO 并未找到引力波的踪迹。此后,经过 5 年的改造升级,灵敏度得到了大幅提高。2015 年 9 月 14 日 LIGO 的汉福德(Hanford)和利文斯顿(Livingston)观测站探测到一致的信号 GW150914。从此,爱因斯坦关于广义相对论的所有预言都得到了验证,全世界的科学家们为此激动不已。

2. 纯科学的意义

　　广义相对论是纯科学研究成功的范例。相对论革命在很大程度上塑造了 20 世纪,它影响了哲学、艺术、文化的各个领域。爱因斯坦成了世界上最伟大的科学家,成了"天才"的同义词。广义相对论将 20 世纪塑造成了一个象征着科学的时代,极大地推动了相关的技术革命,至今还影响着我们的生活。

　　纯科学这个术语在英语中对应的是 academic science,在牛津辞典中 academic 有 3 层意思:指学术的、学院的、学究式的。所以纯科学家主要是为好奇心所驱动而不讲究实际应用。好奇心无疑是大多数杰出科学家所具备的品质,几乎每一位著名学者都有一种寻根究底的精神,都对新想法或新的观测现象持有高度的敏感性。从事纯科学研究的人成千上万,但是成为大师的风毛麟角。这些成功者除了永不满足的好奇心外,还应有极高的鉴赏力,以及聪颖敏捷、坚忍不拔和远见卓识等优秀品质。纯科学家推崇好奇心,因为拥有好奇心意味着拥有独特的见解,在探索中有自主性,即可进行一种无拘无束的研究。纯科学应该由那些自己提出研究问题的研究者来进行,并以自身的标准来评价所取得的成果。所以纯科学家在解释自己的成果时,往往以这种方式来表述,而忽略了他们自身所处的社会环境因素。

纯科学跟其他所有文化形式一样,有着不断发展和演化的历史,纯科学的许多特性可以追溯到近代科学诞生的年代,甚至可以追溯到更遥远的古代。纯科学的现代形式基本上形成于19世纪上半叶的欧洲,从那时起,纯科学演变成一种独特的社会活动,并逐渐融合到整个社会之中。作为亚文化性质的纯科学不断地从欧洲向全世界扩散,在19世纪末开始传播到中国。尽管纯科学的生长需要良好的社会环境,但是在贫穷、不发达甚至不安定的国家里,也开展了纯科学的研究。在意大利的里雅斯特的国际理论物理中心,可以看到来自孟加拉或者津巴布韦的学者一起参与宇宙学或者粒子物理学的讨论。

纯科学已有了它自身所确定的严格规范,学术活动已由专业圈子规定了标准化的业绩指标。纯科学家被要求从事原创性的研究工作,出版著作和发表论文,了解自身领域中的最新进展,指导研究生的科研工作,并努力使自己成为本领域中的国际权威。

世人都知道,**希格斯粒子**的存在性是不久前欧洲核子研究中心的**大型强子对撞机(LHC)**证实的。事实上,理论家们早就相信产生

20万亿电子伏特强大质子束的加速器能够解决希格斯粒子是否真实存在的问题。1983年7月,这个拟议中的加速器被取名为**超导超级对撞机**(Superconducting Super Collider,简称SSC)。通过SSC还可能得到其他一些新发现:夸克是否有结构,超对称理论所要求的已知粒子的超对称伙伴粒子,与新的内部对称性相关的新基本力。1988年2月,美国国会下拨第一批款项1亿美元。此后,SSC计划每年都向国会要钱,支持或反对它的争论年年都发生,政治家支持或反对它的主要原因与它的直接经济利益有关,几乎跟弱电对称破缺理论并无关联。

1993年10月,美国众议院投票决定终止SSC计划。至此,国会已经先后投入了20亿美元的资金,一条24千米长的隧道已经贯通,直线加速器的部分设备也安装到位了,来自24个国家,包括中国在内的科学家联合开展的实验计划已初步审定,但随着SSC计划的取消,这一切都成了过去。自近代意义下的科学诞生以来,科学与社会的关系一直由某种契约维系着。科学家所期待的是能有基本的重大发现,而将它们是否能带来社会效益放在次要地位,公众也对诸如宇宙在加速膨胀这类新发现激动不已,但是行政机构更愿意支持社会需要的项目。以SSC计划取消为标志,科学与社会的契约似乎开始破裂,不仅政治家失去了对纯科学的耐心,医学、工程和其他一些应用领域的科学家为了争夺经费,也转过来反对寻求自然定律的纯科学家。一向以温和著称的诺贝尔奖得主温伯格(Stephen Weinberg)也发出了呐喊:"美国似乎想同任何与基本粒子物理学有关的计划永久告别了"。世界第一经济强国的粒子物理景况尚且如此,况且发展中国家的纯科学乎。

纯科学希望能满足理解宇宙、理解人类在宇宙中的位置等这些基本的人类追求。SSC计划的取消标志着纯科学顶峰时代已经结束。纯科学面临着一种窘态,它受到了来自社会的、政治的、经济的及自身内在发展的限制。事实上,科学的社会功能并不是纯科学家们认为的探求真理,而是为了满足绝大多数人的实际需求。科学对生活的改善、生产力的发展、疾病的康复,甚至作战能力的提高的贡献已经编成了一个个充满传奇色彩的故事。政府、企业和各种事业及机构借助于科学研究和技术开发这一手段试图掌握科学,并使之为它们的目的服务。在这样一种观点中,科学作出有用的发现和发明,然后开发成产品,并最终进入家庭、商店、医院和工厂。这样的模式显然过于简单化,但这是包括政府科学技术部门的管理官员在内的大多数人对科学的理解。在崇尚科学的时代,纯科学家所处的境地也十分尴尬,这确实是一种莫大的讽刺。

广义相对论研究当然属于纯科学范畴,它是人类创造力的巅峰之作。只有十分无知的人才会发问广义相对论究竟有什么用处。毋庸置疑,爱因斯坦的方程、莫扎特(Wolfgang Amadeus Mozart)的《费加罗的婚礼》、米开朗琪罗(Michelangelo Buonarroti)的《大卫》与曹雪芹的《红楼梦》同样是人类所拥有的瑰宝。广义相对论对人类文化所作的贡献就是它最为重要的意义。如同音乐、艺术和文学一样,纯科学是人类社会进步的动力。自19世纪以来,纯科学表明,没有基础科学的突破,人类社会就不会有划时代的进步。人类从事科学活动的重要目的之一,乃是涵盖或兼容其他的价值。从这种意义上讲,广义相对论的研究是十分必要的。对引力理论的完整理解,将对社会价值的至善性认识大有裨益。

下面我们以太阳系的命运来探讨广义相对论的文化价值。利用广义相对论和核物理可以预言,像太阳这样的一类恒星在晚年会不可避免地变成**红巨星**。当引力不能平衡热核能量时,太阳将变成一个巨大的红色火球,吞噬水星、金星,还有我们的地球。在古老的阿兹特克人的文明中,早就把地球生命的终结与太阳的死亡紧紧地联系在一起。在他们的信仰中,太阳已经死亡和复活了四次,而第五次则将是一种永恒的死亡。而现在用科学而不是神话阐述太阳变化前景的,是已作出许许多多精确预言的广义相对论。太阳内的氢燃烧后变成氦,比氢重的氦下沉,在太阳的核心积聚,核心变得越来越小,温度越来越高,压力越来越大,氢的聚变反应条件也越来越好。太阳将缓慢地但必定会变得越来越亮,数亿年后将使地球表面所有的水蒸发殆尽。迄今为止,地球上太阳射线亮度的增加还受制于大气层中的二氧化碳密度,它构成了一个保护层。但当太阳光线愈来愈强之后,这个保护层就无法再阻挡光线大量到达地面。地球温度逐步升高,黄河、长江、湖泊、海洋渐渐干涸。蒸发现象将持续数十万年,干旱的地球上的温度将超过100℃,朵朵白云高高地挂在天上,但无力落下任何一滴同情之"泪"。现有的所有生命形态都将消逝,寂静、干燥、孤独的地球还将绕太阳转动数十亿年。

太阳已经存在50亿年了,再经过50亿年将氢转变为氦的热核反应后,氢燃料燃烧完了,太阳核心部分的坍缩使温度升到开始**氦聚变反应**,太阳的表层也开始燃烧,并且开始膨胀而变冷。这时死亡的太阳变成了一颗红巨星。

在太阳变成红巨星之际,地球大气层变成等离子态而扩散到外层空间。那时的地球经过脱水、停止了呼吸,变成一个炽热而坚硬的天体继续旋转,越来越荒芜凄凉,最后以螺旋运动的方式慢慢堕入太阳这颗红巨星的体内。

太阳红巨星最终也会因自己的氦消耗尽而熄灭。此时,这颗红巨星的核心将变成一颗体积极小、密度极高的白矮星,外层将向太空四散开去,直至形成一个星云。我们的地球也许变成了太空中漂移的尘埃,也许变成了那颗白矮星的一部分。

173

到那时,地球和人类曾经存在的证据也许是在银河系中漂浮的太空飞船和继续在星际空间传播的无线电波。悲观主义者认为人类根本不可能延续那么久,技术上的每一项提高,只是再一次引发未来可怕的惩罚。他们甚至断言,任何高等文明都不可能是长寿命的,否则比我们更高等的文明为什么不来寻找我们?与此相反,乐观主义者认为,任何困苦和灾害只不过是对人类无穷才智的挑战,远在地球被太阳吞噬之前,人类(至少人类的一部分)早就迁居到更舒适宜人的星球上去生活。当然,在悲观主义者和乐观主义者之外,还存在着这样一类知识分子,他们严厉指责这里所讨论的话题是一种"冷嘲热讽式的科学",他们认为只有眼前的事情才是值得去研究的。

3. 广义相对论的实用意义

当人类考虑未来的科学进步时,很容易犯理想化的错误,即认为所有能做的事情都可以做到。事实上,许多原则上能完成的事情,实际上是无法完成的。热力学第二定律告诉我们,要获得信息就需要做功。利用这一条普适的科学定律,可以量化任何科学研究的"耗费"。在任何人类活动领域里,仅仅具有解决一个问题的过程是不够的,我们还应当知道完成它的代价,这一代价最终可以用能量或计算能力来衡量。在20世纪之前的科学进步讨论中,获取知识的经费问题几乎不在考虑之列。而到了今天,这似乎已成为首要问题了。以国际合作为标志的"大科学"的诞生,使经费成了研究计划能否成功的关键因素。这与当年郑和下西洋和哥伦布探险很相似,原则上,人们可以不受限制地派船队去探索大海,但实际上,这些航行需要发起人,而明朝永乐帝和西班牙伊萨贝拉女王(Isabella I)都希望自己的投资能得到回报。诸如引力理论这样一类研究,在今天要获取政

府资助是有相当难度的。

科学与政府之间内在的相互需要决定了科学与政治相结合的必然性。但是，这种结合绝不是一件简单的事情。西方人认为科学家在讨论某个人提出的问题时，最关心该问题是不是真的，而政治家更注重于这个人为什么要提出这个问题。尽管这种观点未必全面和准确，但可以帮助我们去理解科学与政治相结合的复杂性。

在科学与政治相结合的进程中，科学界中的反对声音是始终存在的。反对者的理由主要有三条。其一，反对者认为国家对科学的干预往往会危及科学的自主性；其二，反对者认为这可能是科学建制官僚化，从而将造成对科学体系特有的运行机制的破坏；其三，反对者认为这种结合可能使科学家成为权力的附属品，忘却了自己的尊严和责任。20世纪的科学发展不乏这方面的实例，纳粹德国对"雅利安科学"的鼓吹和科学家阵营的分化充分暴露了上述弊端。

然而，政府对科学事业的支持和规划毕竟造成了20世纪科学的迅猛发展，并且将科学的社会功能也发挥得淋漓尽致。通过知识的创造、传播和应用，政府对科学的投资也已取得了难以估计的回报。所以，政府放弃对科学应负的职责，也许是一种罪过。关键的问题在于寻找科学与政治相结合的正确方式。

政府的任何支出都有再分配的效果。政府可以修一条通向某个偏僻的别墅区的高速公路，尽管所有人都可以使用这条公路，但实际收益者却是一些极少数的富人。所以，再分配的政策是至关重要的。尽管大多数政策的改变将导致部分人处境变好而另一部分人变糟，但意大利经济学家帕累托（Vilfredo Pareto）指出：存在着使部分人处境变好，同时不使另一部分人处境变坏的政策变化。这种变化称为**帕累托改进**。当帕累托改进达到临界状态时，称为**帕累托最优**。由于政策产生的变化通常是复杂的，帕累托改进的最大局限性在于它很难提供有关收入分配的具体指导。

或许有一些政策能够实现帕累托最优,但理想的政府与现实的政府之间必定存在着差别。政策的优劣不能用GDP增长量来简单衡量,科技政策更不能用论文多寡、引文数量和专利申报量来简单衡量。所以,我们仍然要回到老问题:广义相对论究竟有什么用?或者更确切地问,广义相对论究竟有什么实用意义?广义相对论与人们的吃、穿、住、行究竟有什么关联?

为了生存和繁衍生息,包括人类在内的几乎所有动物都需要有辨别周围环境的能力。在此基础上,通过粗略或精密的推论,得知个体自身曾经到过何处,现在在哪里,之后又将去何方。这种能力可称作动物大脑中的导航系统。低等生物,比如线虫,它具有动物中最简单的导航系统。线虫仅有几百个神经细胞,凭借这些细胞线虫朝向气味浓烈的方向移动,直到发现目标。节肢动物已经进化出较为复杂的**路径整合**(pathintegration)系统,使得它们可以不依赖外界环境中的刺激源进行空间定位。换句话说,节肢动物自身就能监测相对于初始点的移动方向和速度,由此判断出到达目的地的有效途径。哺乳动物具有更为精巧的导航系统,能够运用脑中内置的地图进行导航。当哺乳动物移动时,脑中的一些神经细胞会依次激活,恰好映照了它们的运动路径。这些神经网络为哺乳动物所处的外界环境勾画出一幅大脑地图(mentalmap),它形成于大脑皮层上,这些信息不仅能够反映哺乳动物当前的空间位置,还能作为记忆储存起来,在需要时再提取出来使用。人类大脑中的导航系统已经达到了相当完善的地步,一般而言,导航对于大脑来说并不费力,甚至整个过程在人们不知不觉中就完成了。只有在完全陌生的地方,或者神经系统受到创伤或病变时,人们才意识到大脑中的导航系统竟是如此重要。

在前工业化时代,人们的居住和工作环境是一个熟人社会,从而大脑中的导航系统足以指导人们完成各种活动。对于现代化的今天，人类的活动范围已扩大到包括南极在内的全球各地，即使普通人也会因旅行而处于陌生的环境。所以人类不得不建立一种功能强大的导航系统，以便适应于现代社会生活。这样一个系统被称为**全球定位系统**（Global Positioning System，简称GPS）。随着GPS的出现，人们开车寻路、驾驶飞机，甚至在大街小巷行走的原有方式发生了彻底变革。一个过度依赖于GPS的大脑肯定会发生大脑地图功能的退化，值得关注的是，这种退化是否会产生遗传。年轻的手机族朋友们，要警惕啊！

假设宇宙中存在智慧生命，这些外星人掌握了发射卫星的技术，从而像地球人那样发明了GPS。然而，这些外星人不懂得广义相对论，当他们成功发射了GPS后，他们会发现这样的GPS竟是无用之物。我们十分幸运，在建造GPS之前，已经掌握了广义相对论。或者说，没有相对论就没有GPS，而后者不论在经济上、国防上和政治上都产生了重大的作用。这也是广义相对论的实际应用之一。

由于相对论是在四维时空中展开理论的，所以我们需要用时间、纵、横、高这样的4个信息才能确定四维时空中的位置。GPS是由大约30颗卫星组成的系统，至少要接收来自其中4颗卫星的信号才能正确地算出时间和位置。汽车导航或者手机中的地图均来自于GPS。要保证地图的正确性，就必须要求卫星的钟表一致性。为此GPS搭载了3万年才会出现一秒误差的原子钟。但是，相对论效应要对卫星上的时钟进行修正，如果不考虑到这些修正，就会与地面上的时钟产生时间差。

首先，根据狭义相对论，因为人造卫星在绕着地球运动，所以卫星上的时钟会比地球上的时钟每天慢7微秒。其次，根据广义相对论，引力越强时间过得越慢，这就是所谓的**引力红移**。从引力强的地方观测引力弱的地方,时间会变快。因此,从地球表面来看,卫星上的时钟将走得较快。通过广义相对论的计算,误差为每天46微秒。广义相对论与狭义相对论的总效应是卫星的时钟每天快了 Δt=39 微秒。眨一次眼睛大约是10万微秒。初看起来,39微秒确实十分短暂。然而,做一个小学生的算术题,你马上就会明白,忽视这个时间差,就不能使用GPS了。因为距离的每天误差 $\Delta S=c\Delta t$,其中光速 c= 2.9979×10^{10} 厘米/秒,计算的结果是地图的误差是每天11.7千米。更重要的是,这个误差随着时间的增加而增加。如果地图随时间而增加误差的话,这样的导航绝对不能用来行走、开车和驾驶飞机。幸运的是,地球人掌握了相对论修正了这一误差,将卫星和地球的时间设定一致了,所以可以放心使用GPS了。

4. 谁先找到了爱因斯坦方程

对爱因斯坦的肯定开始于他1905年的文章,他以具有洛伦兹不变性的力学体系震撼了整个物理学界。但是,要使引力理论具有洛伦兹不变性却难住了爱因斯坦。经过了整整10年的奋斗,他在格罗斯曼(Marcel Grossmann)的协助下,才完成了现在通常被称作广义相对论的引力理论。

突破性的想法出现在1907年,那时爱因斯坦仍在伯尔尼专利局任职员。爱因斯坦的想法现在被称作**等效原理**:在一个足够小的空间区域,一个观察者感受到的物理效应,与另一个在没有引力场情况下,相对于他以匀加速度运动的观察者所感受到的物理效应是不可分辨的。这个想法,后来被爱因斯坦自己称作"我的生活中最得意的思想"。德语单词 gedankenexperiment 意为"思想实验",爱因斯坦利用思想实验得到了等效原理。爱因斯坦想象一位自由落体者处在一个密闭空间中,自由落体者会感到失重,他所抛出的物体都会与他一起漂浮。自由落体者无法辨别，他所处的密闭空间正在以某一加速度作自由落体运动，还是正在无重力的外太空漂浮。爱因斯坦进一步的思想实验是仍然想象一位处于密闭空间的受试者，该密闭空间处于无重力的外太空。如果有一个恒力将该密闭空间向上拉升，那么密闭空间以匀加速向上运动，受试者将会感到双脚压向地板。他抛出的物体也会以匀加速运动落到地板上。受试者无法区分是密闭空间正在以匀加速上升运动，还是自身受到了引力作用。

1909年，爱因斯坦因接受了苏黎世大学的教席而辞去了专利局的工作，接着又到了布拉格的查尔斯—费迪南德(Charles-Ferdinand)大学，后来又去了苏黎世工学院。1913年，普朗克到苏黎世拜访了爱因斯坦，建议他出任柏林的威廉皇帝物理研究所所长。这使他可以和包括普朗克在内的那个时代最优秀的物理学家一起工作。

1915—1916年，爱因斯坦在柏林完成了他一生最伟大的工作——广义相对论。他找到了联系两位相互作非匀速运动(例如，一位在加速的宇宙飞船上，另一位漂浮在没有引力的空间)的观察者所进行的时空测量的定律。这些定律的描述需要弯曲空间几何学——**黎曼几何学**。在这点上，爱因斯坦得到了他的数学家朋友、老同学格罗斯曼的帮助，正如他自己所说的："在广义相对论的基本原理已经清楚地酝酿出来以后，我才知道黎曼的工作。"黎曼发现古希腊的几何学仅仅是建立在直观知识的沙滩上，而不是建立在坚实的逻辑基础上。自然界并没有理想化的**欧几里得几何**图形，山脉、海浪、云彩和漩涡都是弯曲的物体。黎曼将毕达哥拉斯(Pythagoras)定理推广到了任意弯曲的空间。在四维时空中，新的定理需要10个坐标函数来描写。

为什么爱因斯坦需要考虑弯曲空间来描述引力呢？对非专业人士来讲，弯曲的四维时空是很难理解的。让我们先来想象一只花瓶的表面——一个二维弯曲空间。这个世界中的居民是一些扁平的精灵——他们只有二维,不知道关于三维的任何信息。如果他们生活在平坦区域,他们测量到的三角形内角之和是180°,与欧几里得几何一致。但是当他们生活在正曲率区域时,他们测得的三角形内角之和大于180°。类似地,当他们生活在负曲率区域时,测得的内角之和小于180°。一些精灵说,在曲率不为零的区域,光走的不是直线。而另一些精灵争辩说,根据定义,光束是直线:一束光沿最短路线行进,任何其他路径都要长些。最后他们认识到,光线没有什么问题,而是他们居住的世界是弯曲的,不是平坦的。

我们自己的情况和这些精灵相似,不过事情发生在三维空间而不是二维空间。就像精灵们不能看出自己所处的世界是弯曲的那样,我们不能直觉地看出一个三维的弯曲空间。但是,我们可以用激光来做实验,弄清我们的三维空间是否是弯曲的。如果发出两束平行激光穿过广袤的星际空间,它们保持平行,则空间是平坦的;如果它们发散开,则空间是负曲率的;如果它们会聚,则空间是正曲率的。只要空间的曲率不为零,空间就要用黎曼几何来描写。

一旦我们用光线的路径来定义直线,就容易看出弯曲空间与引力和非匀速运动的关系。光线是有能量的,根据质量能量之间的等效关系,这就意味它有一个等效质量。任何有质量的东西都会被引力吸引。如果我们靠近一颗星射出一束光,光的路径就会弯向星一点儿。星的质量将它附近的空间弯曲了,改变了几何学。光总是走直线——不过是定义在弯曲时空中的直线。广义相对论的主要结论正是:引力是时空的弯曲。

1915年的11月25日,爱因斯坦是在为普鲁士科学院的院士开设的第四次讲座上公布了广义相对论的基本方程

$$G_{\mu\nu} = \kappa T_{\mu\nu},$$

这个方程现在被称作爱因斯坦方程。$G_{\mu\nu}$ 称为爱因斯坦张量，用以描述时空的几何结构是如何因物体的存在而弯曲变形，$T_{\mu\nu}$ 描述引力场中的物质运动。也就是说：

时空的曲率+时空的拉伸 = $8\pi G\times$能量动量和内应力的分布。

然而，究竟是谁首先写出了这个方程，是希尔伯特（David Hilbert），还是爱因斯坦，迄今仍是一个悬案。或者更准确的提问是，这个方程中的哪些部分是由希尔伯特最早发现，而不是爱因斯坦首先得到的？

1915年6月，爱因斯坦在格丁根大学开设了为期一周的系列讲座，讲述他的广义相对论。在这期间，他向希尔伯特解释了相对论的细节。年长爱因斯坦17岁的希尔伯特早已是位大数学家了，以在巴黎国际数学家大会上提出23个数学问题而闻名于世。爱因斯坦是通过格罗斯曼才懂得了黎曼几何的初步知识，而希尔伯特精通几何学。用希尔伯特的话来说："在格丁根，就连路边的小孩都比爱因斯坦更懂几何学。"爱因斯坦的访问取得了成功，希尔伯特迷上了爱因斯坦的理论，以至于开始自己动手寻找广义相对论的数学方程。

1915年10月初，爱因斯坦意识到他原来的理论框架存在着重大缺陷，同时也意识到希尔伯特正在接近发现正确的答案。因为他原来的方程不是广义协变的，也无法合理地解释旋转运动，无法解释水星近日点进动。11月4日，爱因斯坦开始在普鲁士科学院作第一次演讲，坦承自己还无法找到完全符合引力理论的数学方程。11月11日，爱因斯坦将他的第二次的演讲稿寄给了希尔伯特，并询问希尔伯特的进展情况。希尔伯特回信说，他已经想到了一个"解决你的伟大问题的方法"，并邀请爱因斯坦在11月16日去格丁根，听他当面阐述完全不同的解决方法。

爱因斯坦婉拒了访问格丁根的邀请，11月15日他在回信中说：

"如果可能的话,请寄给我一份您修正后的证明,以缓解我的焦躁之情。"在匆忙仓促之际,灵感不期而至,爱因斯坦终于找到了描写广义相对论的方程。他对修正后的方程进行了测试,得到了水星近日点进动问题的正确计算。

11月18日,就在第三次演讲的当天早上,爱因斯坦收到了希尔伯特寄来的最新论文。爱因斯坦在回执中写道:"在我看来,您所提供的这个体系与我在过去几周的研究几乎完全一致,我已将论文提交给科学院。在我今天向科学院提交的论文中,我没有用任何引导性假设,而从广义相对论出发定量导出了水星近日点进动。"第二天,希尔伯特写了回信,诚挚祝贺爱因斯坦攻克了水星近日点进动的难题。然而,在11月21日希尔伯特向格丁根的一家刊物(*Nachr. Ges. Wiss. Göttingen*)提交了一篇题为《物理学基础》的论文,给出了他自己版本的广义相对论方程。

爱因斯坦在第四次演讲中,讲解了广义相对论基本方程,演讲的题目就是"引力场方程"。这一天是11月25日。不论在当年,还是今天,关于谁优先发现爱因斯坦方程的争论一直存在。世人无法知道,在11月18日以后的一周内,爱因斯坦是否认真研读了希尔伯特的论文。但是,广义相对论的天才想法来自于物理学家爱因斯坦,而不是数学家希尔伯特。为此,作为长者的希尔伯特在他论文的最终版本中,加上了一句谦谦君子式的话:"在我看来,最终得到的引力微分方程,与爱因斯坦所建立的宏伟的广义相对论是一致的。"不久之后,希尔伯特提名爱因斯坦为格丁根皇家科学学会会员。爱因斯坦也给希尔伯特写信道,作为两个领略了超凡理论的人,不应受到世俗情绪的影响。确实,这两位超凡的科学巨人,将永远受到全人类的敬爱。多年之后,当爱因斯坦被问到他为何如此知名时,他平静地说:"一只盲目的甲虫在弯曲的树枝表面爬动,它没有注意到自己爬

过的轨迹其实是弯曲的,而我很幸运地注意到了。"

5. 爱因斯坦的圣杯

　　20世纪最伟大的发现——广义相对论和量子力学,在解答了许许多多疑难的同时又提出了不少新问题,因此,科学家们多数认为有必要重建一个更大的统一理论。诸如外尔、爱丁顿、海森伯和泡利等人都曾被统一场论这一课题所吸引。尽管这些伟人的工作不足以实现统一场论,但是他们为物理学引进了**规范对称性**和**额外维**等卓有成效的新理念。例如,外尔在1918年关于四维标度变换的工作导致了局部相变换的发现,后者成了**电弱统一理论**的基础。

　　在1926年以后的30年时间里,爱因斯坦一直孜孜不倦地坚持着他的统一场论研究。他先后发表了一连串的统一理论,随后又撤回了这些理论。爱因斯坦开始醉心于**卡鲁查—克莱因理论**,然而该理论在20世纪30年代似乎走到了尽头。探测普朗克尺度需要普朗克能量,即10^{28}电子伏,这是禁锢在质子中的能量的一千亿亿(10^{19})倍,在可以预期的将来是无法产生这样的高能的。另一方面,随着强力和弱力相继发现,物理学家们掀起了理解这些新的物理现象、找出描述它们的物理定律的浪潮。这些浪潮淹没了卡鲁查—卡莱因理论的研究,使它在以后的60年中默默无闻。1949年,爱因斯坦发表了他自称为"统一理论的决定性公式"。他是这样讲述自己工作的:"对于我最新的理论工作,我认为并不应该把详细的描述放在大批对科学感兴趣的读者面前。这种做法只适宜于那些已经被经验充分论证的理论,经验本身就足以证明真理。"在这篇论文中,爱因斯坦大量地利用了对称性思想。对称性可以理解成一种运动,通过这种运动保持几何形状或者动力学方程不变。例如,球绕中心任意旋转保持不变,六棱柱绕中心轴旋转60°后并不改变原状,麦克斯韦方程在洛伦兹变换下仍然保持原来的数学形式。

爱因斯坦采用的方法是,尽可能使运动方程具有更多的对称性,他认为这样就能囊括所有的现象。事实上,就狭义相对论而言,理论只是在特定的时空函数形式的变换(洛伦兹变换)下保持不变,这也是取名"狭义"的起因。广义相对论拓宽了变换类型,理论在"几乎"所有形式的时空函数变换下保持不变。对于这样保持不变的物理方程,必定会产生一种力,而这种力就是引力。同时,在广义相对论中的两点之间的距离取决于一种远比勾股定理更为复杂的形式。在数学上,这种形式被称之为度规。四维时空的度规可以用 4×4 对称矩阵来描写,显然它应有 10 个独立分量,这就是爱因斯坦二次登上世界科学顶峰的概况。

1949 年,爱因斯坦开始思考为什么停留于此?为什么不允许采用更一般的矩阵?众所周知,一般矩阵 M(16 个独立分量)可以分解成对称矩阵 S 和反对称矩阵 A(6 个独立分量),这又是一个简单的算式:

$$16 = 10 + 6。$$

更为诱人的是,麦克斯韦方程中 3 个电分量和 3 个磁分量恰巧可以写成一个反对称的矩阵。难道,爱因斯坦真的又一次聆听到了自然之声?遗憾的是,历史没有再次重演,在试图统一这两种矩阵时爱因斯坦陷入了困境,他认识到这不仅仅是一种技巧上的不完备,而是一种根深蒂固的不匹配。

更对爱因斯坦不利的是,在他追求统一之梦的 30 年中,核子的弱相互作用和强相互作用相继被发现了。它们是在日常生活中不可直接观测到的力。强核力是把质子和中子约束在原子核内的力。在 10^{-15} 米范围以外,强核力迅速减弱,因此它是短程力,性质与长程的引力或电磁力相差极大。不仅是质子和中子之间有强核力,所有的

强子都受强核力作用。弱核力的作用范围更小,大约 10^{-17} 米,它主要的功能是改变粒子而不对粒子产生推或拉的效应。弱核力首先用来解释 β 衰变,即解释不稳定核子的放射性效应。弱核力能改变夸克和轻子的味,例如上夸克变为下夸克,或者电子变为中微子,等等。与引力相比,电磁力与核力关系更为密切,爱因斯坦本人也认识到这一点。他在谢世前不久写道:"是否可以想象一个场论能让人们去理解实在的原子结构和量子结构?对于这一问题,几乎人人都会给出否定的回答。但是,我相信目前无人知道关于这一问题的可靠依据。"

爱因斯坦固执地认为,"没有任何理论认为,将广义相对论原理局限于引力,而分开处理物理学其余部分,会有启发性的重要意义。"然而事实上正好相反,没有引力的量子理论以高度的精确性解释了电磁力、核力以及物质结构。引力已成为最难与物理其他部分相统一的力。引力所显示的卓尔不群,与"三十功名尘与土"的爱因斯坦当时的状况十分相似。

将文化名人分成"通者"和"悟者"似乎是可行的。莫扎特是个通者,除了他的一些歌剧,他没有创建极其新颖的音乐风格,但是,通过那些结构庄重、旋律华丽的乐曲,他将旧时代推进到了最高境界,并为新时代的诞生铺平了道路;而贝多芬则是一个悟者,他开辟了一个浪漫主义的全新境界。爱因斯坦也是位悟者,他不断打破现存的领域,创造全新的领域。但是,为什么悟者爱因斯坦关于统一场论的研究却没有取得更大的成功?简单地将其归结为只有青年人才有革命创新性的说法并不妥当,科学史上不乏科学家在中老年时期作出重大贡献的例子。事实上,爱因斯坦在主客观两方面都存在着未能取得突破性进展的原因。

客观原因非常简单,在1955年之前的信息并不足以使统一理论有重要进展。历史经常会作弄人，直到1954年，杨振宁和米尔斯（R. L. Mills）才将外尔的局部相变换理论写成现代**规范场**的形式。1964年，希格斯（P. W. B. Higgs）发现了使规范场获得质量的机制。如果爱因斯坦能多活10年的话，他一定能在统一场论上取得更大的成功。

探讨爱因斯坦的主观原因就要复杂得多。首先，爱因斯坦对于量子力学有着自己奇特的看法，这可以包括在他的一句名言"我永远不相信上帝在掷骰子"之中。由于与量子论的主流研究背道而驰，爱因斯坦当然不可能关注到**量子电动力学**的进展。量子电动力学是以后统一理论取得重大进展的起点。爱因斯坦曾称赞外尔的工作，他说："尽管远离实在，但至少这是智力的伟大结晶。"而正因为他对量子力学的态度，他不可能亲自潜心于这一深远的发展，而外尔的思想在通向统一之路上起到了关键的作用。

其次，爱因斯坦尽管受过高等教育，但实际上是个自学者。爱因斯坦曾这样回忆他的大学生活："总共只有两次考试；除此以外，人们可以做自己愿意做的任何事情。如果像我这样，有个朋友经常去听课，并且认真地整理讲课内容，那情形就更是如此了。这种情况给人们以选择从事何种研究的自由，直到考试前几个月为止。"爱因斯坦对物理学是悟者，而非某种意义上的通者，他更善于认识什么是根本性的问题。爱因斯坦在谈到他为什么不选择成为一个数学家时说道，他没准会成为"布里丹的驴子，决定不了要吃具体哪捆干草"，但对于物理学"会嗅出那些可能导致根本的法则"。但是，爱因斯坦在晚年逐渐丢弃了寻找统一之路的真知灼见，取而代之以更醉心于数学的美，而不是物理的直觉。

在统一之路的征程中，爱因斯坦越来越孤独。有一次他用讽刺的口吻说，"对犹太人而言我是圣人，对美国人而言我是展览品，对

我的同行而言则为江湖术士。"爱因斯坦知道"生"是无法选择的，"死"却可以选择。爱因斯坦腹部主动脉上的一个动脉瘤爆裂了，当他知道了最后的病况后，他拒绝手术。1955年4月18日这颗伟大的心脏在普林斯顿停止了跳动，当时在场的只有一名护士，没有能听懂他用德语说的最后几句话。

追求量子理论与引力的统一是人类历史上最大的科学难题。爱因斯坦把他生命的最后30年贡献给了统一场论，他为此付出了被同行冷落60年的代价。在这60年中，除了海森伯和泡利等少数人曾关注过统一场论外，物理学家们更侧重于量子力学及其应用的进展。大多数的理论物理学家关注的是原子、原子核和粒子物理的发展，直到20世纪80年代粒子物理的标准模型建立。由于标准规范模型太成功了，以致每一次国际物理会议都成了通过**标准模型**的例行公事。讲演者显示着一张张的投影片，口中念念有词，以证明这些最新数据如何符合于标准模型，而听众被精细调谐着的模型中的参数搞得昏昏欲睡。当物理学家们试图超越标准模型而遇到了一连串的挫折后，诺贝尔奖获得者温伯格提醒大家必须将引力考虑进来，才能真正地超越标准模型。青年一代的物理学家决心使爱因斯坦未遂的事业复兴，休眠了60年的卡鲁查—克莱因理论苏醒了。

在20世纪80年代最流行的超对称卡鲁查—克莱因理论之一，是四维时空另加7个额外维数的11维超引力理论。遗憾的是，这些研究所得出的详细结果与我们所知的四维世界并不完全一致。主要存在着手征性、宇宙学常数和反常三个问题。

于是，物理学家的目光转向了超弦理论，弦的特征长度是普朗克尺度。至关重要的一点是，该理论可能成为描述量子引力的成功理论。它可能是一类四种相互作用统一的理论：它所包含的规范粒子——**中间玻色子**($W^{\pm}$、Z^{0})、**光子**和**胶子**分别传递弱相互作用、电磁相互作用和强相互作用,**引力子**则传递引力相互作用。1981年,伦敦大学玛丽皇后学院的格林(M. Green)和加州理工学院的施瓦茨(J. Schwarz)奠定了现在流行的超弦形式的基础。1984年,普林斯顿大学的格罗斯(D. Gross)等人又对此进行了改进。人们发现,有5类超弦模型满足无反常条件,这使许多人相信,超弦理论最终可以实现四种相互作用的统一。既然物理学家可以用一维客体来作为宇宙的基本砖块,那么能否考虑D维空间的p**维客体**呢?这种客体物理学家称为"**胚**"(brane),在$p=1$时即为弦,$p=2$时即为**膜**。在量子力学中,波和粒子是一个现象的两个方面,因而胚的每种振动模式都对应一种粒子。胚是以11维超对称时空为其背景的客体。这样的理论被称为**M理论**,它使弦论的基础更趋完善。尽管在实验上尚未找到确凿的证据,追随爱因斯坦寻找统一之路的大多数科学家相信,**弦/M理论**提供了一个合理的框架。

如果紫外完备的广义相对论应该产生于广义相对论和量子论的统一,那么必定存在着两条不同的道路。一条道路起始于量子理论,所用的最初的概念和想法大多来自于量子理论,这条道路产生了弦/M理论。另一条道路起始于广义相对论,从广义相对论的基本原理开始寻求它的紫外修正用来包含量子现象,这条道路导致了**圈量子引力**。圈量子引力和弦论在某些基础上是一致的。它们都认为存在一个物理尺度,在这个尺度上,时空本性与我们的观察有着极大的不同。一般认为这个尺度就是普朗克尺度,弦/M理论和圈量子引力都是关于这个微小尺度上的时空理论。

弦论学家将粒子和力看作环状弦的振动,他们试图通过这种方法,将包括引力在内的自然界所有的力统一到弦/M理论的框架内。也许人们能通过对遥远的宇宙的观测发现极早期的遗迹,从而证实弦/M理论是正确的。作为圈量子引力的创建者之一,加拿大圆周理

论所的斯莫林(Lee Smolin)新近提出了位次原理(Principle of Precedence),试图将力的强度、粒子的质量与电荷看作宇宙系统不断演化的属性。圈量子引力学家也建议了测试他们自己观点的若干方法。

对于生命体而言,有序就是生机勃勃,无序就是走向死亡。所谓的新陈代谢,无非是生命体得到负熵。人类在自己漫长的进化历程中,热带森林的复杂环境选择了偏爱有序的基因。远离混沌是人类本性的一种表现,哪怕没有秩序时也想去寻找秩序。无论是东方还是西方,我们都看到古人力图在星星的随机模式中找到有序的形象。对星系团的现代巡天工作,已将古人当年的想象变成了精确的数字,天体物理学家正在揭示星系和星系团形成的规律。牛顿曾设想一个建造在时空中的宇宙,用一把绝对的尺和一只绝对的钟就能度量所有的运动。爱因斯坦将牛顿的宇宙更换为建造在绝对定律上的宇宙。所谓自然的定律,就是对自然的秩序的描述。爱因斯坦是人类追求有序本性的最高体现,他在科学和人性上所作出的贡献使他足以与人类文明史上的任何人相媲美。

6. 用黑洞来检验广义相对论

在不寻常的广义相对论百年的证实中爱因斯坦的预言都得到了证实。然而这是在弱引力场情形下的预言,广义相对论尚未在诸如黑洞附近这样引力极强环境下得到检验。目前,**事件视界望远镜**(Event Horizon Telescope,简称EHT)将对银河系中心的黑洞,即人马座A*的视界进行高分辨率观测,从而验证广义相对论对强引力场是否适用。

在20世纪60年代之前,物理学家和天文学家普遍都在怀疑黑洞,爱因斯坦本人是否定广义相对论中存在黑洞这样一类客体的,真正对黑洞感兴趣的人很少。大约在1964年以后,美国的惠勒(J. Wheeler)、前苏联的泽尔多维奇(Y. Zel'dovich)和英国的西雅玛(D. Sciama)各自率领一批年轻的黑洞物理学家(后来被称作黄金一代),利用广义相对论进行了一次又一次的计算,他们发现黑洞会自转、会脉动,它们储藏能量,也释放能量,而且没有毛发。对于物理学家而言,一颗恒星或者一片面包都是极为复杂的物体,因为它们的完备描述,需要有亿万个参量。与此相反,在广义相对论学家眼中的黑洞只有3个参数,这被术语大师惠勒称为"黑洞无毛定理"。开始这仅仅是一种猜测,后来经过卡特(B. Carter)、邦廷(G. Bunting)等人十多年的努力,终于严格证明了惠勒的表述。按照上述3个参数进行分类,黑洞仅有四类:只有质量表征的球对称、静态的**施瓦西黑洞**;也是球对称和静态的,但还有电荷的**赖斯纳—诺德斯特龙黑洞**;转动而显示电中性的**克尔黑洞**;最后是一般的黑洞,转动而且带电荷,被称为**克尔—纽曼黑洞**。借助于实验,黑洞的参量可以精确测量出来。发射一颗卫星到围绕黑洞的轨道上,并测量卫星的轨道周期,从而得出黑洞的质量。通过比较射向视界不同部分光线的偏转可以测出黑洞的角动量。

克尔—纽曼解是引力坍缩到视界内的自然状态,其余三类解只是它的某种简化。与绝大多数常见物质呈电中性的道理相仿,实际的黑洞很可能是电中性的。现在来想象一个带大量正电荷的黑洞在星际介质中形成。黑洞的引力场同样地吸引着星际介质中的质子和电子,但它的电荷却只吸引电子而排斥质子。静电力大约比引力强10^{40}倍,从而在很短的时间里该黑洞就几乎呈电中性了。因此,最符合实际的黑洞应该由克尔解给予正确的描述。

克尔黑洞不是静悄悄的施瓦西黑洞,而是一个活动着的客体:黑洞在旋转着,有时会在它周围的弯曲时空里产生龙卷风那样的涡

旋运动。当恒星、行星或者小黑洞落进大黑洞时，能量会使大黑洞产生脉动，大黑洞的视界会内外波动，像地震后地球表面的上下振动一样。如果一位黑洞学家具有足够的数学能力，就能利用这3个参数进行计算。他可以计算出黑洞视界的形状、黑洞引力的强度、周围时空涡旋的细节，以及黑洞脉动的频率（在文献中它被称作拟正则模）。一只铃铛或者一颗星星都有一个脉动的自然频率。铃铛的自然频率决定于它的构造，黑洞的拟正则模当然也决定于它的3个参数。

当汽车的车轮快速转动时，偏离转轴就会产生振动，振动从旋转中获得能量而变强。有时振动可以达到非常强大的地步，在极端情形下，甚至会使车轮脱离汽车，用物理的语言来说，这是"振动的不稳定性"。面对黑洞，人们自然会发问：如果黑洞旋转很快，它的脉动会稳定吗？它从黑洞的旋转中获取的能量会变强吗？脉动会强烈到使黑洞瓦解吗？诺贝尔奖获得者钱德拉塞卡（S. Chandrasekhar），这位证明白矮星存在质量上限的天体物理学家认为会，而惠勒的学生索恩（K. S. Thorne）认为不会。1971年11月，他们打了个赌。后来索恩的学生、黄金一代的杰出代表特科尔斯基（S. A. Teukolsky）、普雷斯（W. Press）等人证明了，不论黑洞旋转多快，脉动都是稳定的。事实上，黑洞脉动虽然从旋转中攫取了能量，但也通过引力波辐射出能量，并且后者总是大于前者。从而黑洞不可能被脉动破坏。1975年普雷斯召开了一个30岁以下的青年学者大会，会上黄金一代的年轻人宣告黄金年代终结，离开经典黑洞研究进入到新的研究领域。然而，65岁的钱德拉塞卡依然把自己卓越的数学才能全部都用到黑洞的**拟正则模**的计算上。1983年，他在73岁时终于完成了使命，出版了《黑洞的数学理论》这部巨著，几乎所有的黑洞扰动问题都可以从中找到解决方法。

图1　科学乃至整个文明是累积前进的,它的每次超越都建立在已有的成果之上。谁站在巨人的肩膀上,谁就能看得更远。要超越爱因斯坦,就必须继承和发扬广义相对论的优美之处。

　　显示一个物体的一种好方式是给它照相,那么我们能给黑洞照相吗?表面上看来,我们不能为不发光的黑洞照相,就如在伸手不见五指的黑夜,你怎能为友人照相一样。但是,你可以通过照明为友人照相,同样在适当的光照下也可以给黑洞照相!黑洞没有反射光线的事实表明,使光线偏转的是黑洞的引力场,从而使黑洞的影响范围不是限制在视界内,而是延伸到无穷远。黑洞周围的引力场会使靠近黑洞视界的物质发射出大量的电磁辐射(光线),这些辐射有可能被望远镜捕获到,由此间接证明黑洞的存在。在黑洞视界附近,强引力将落向黑洞的物质(吸积流)压缩到非常小的体积内,从而它们的温度会达到数十亿度。所以,黑洞并不是最暗的,对它们的探测要比使黑体球成为高度反射的球容易得多。高温下落物质的辐射,使得黑洞周边的区域成为宇宙中耀眼的地方。

银河系的动力学中心是在人马座方向,但被大量的气体和尘埃云包围着。如果从中心发出可见光波段的光子,大约只有 10^{12} 分之一的可能性到达地球,所以观测银心不能用光学望远镜,而是要用射电望远镜。包含银心在内的银核是恒星高度密集区,其直径约5光年;而总质量达 $10^6 M_\odot$。银核发出很强的射电等辐射,其中位于银心的射电源人马座 A^* 是银河系中最强的射电源,进一步由于它的致密性表明,这个射电源来自于一个黑洞。天文学家认为,绝大多数星系的中心都存在超大质量黑洞,质量可达 10^6—$10^9 M_\odot$,有些黑洞的直径甚至超过太阳系。尽管这些黑洞很大,但它们离地球实在太远,它们在天空中占据的角径便极小。离地球最近的超大质量黑洞是人马座 A^*,它的视界在天空中张角只有50微角秒。这是一个极其微小的角径,相当于将一本袖珍字典放到月球上,然后从地球上观测这本字典的角径。要分辨出50微秒的张角,我们需要比哈勃空间望远镜分辨率还要高上2000倍的望远镜。由于黑洞位于银河系中心,该处由气体和尘埃组成的稠密云团还会阻挡大部分的电磁波段。此外,作为一种灼热漩涡的吸积流本身对大部分波长的电磁辐射是不透明的。因此只有在极窄的波长范围内的辐射,才能被地球上的观测者看到。

事件视界望远镜采用**甚长基线干涉测量**(VLBI)技术,达到了观测遥远的星系中心处黑洞的分辨率要求。EHT由全球范围内79台射电望远镜组成,每台望远镜都希望设于高海拔的地方。高海拔选址是为了使地球大气对信号的吸收能降到尽量低。VLBI技术是利用不同位置的射电望远镜同时对同一目标进行1.3毫米波段观测,将采集到的数据进行整合计算,最终得到黑洞附近的图像。目前已有7台望远镜加入到EHT网络,2017年还会有大型毫米波天线阵列的64台射电望远镜加入。所以,EHT事实上是一台虚拟的、地球尺寸的望远镜。望远镜的分辨率是由观测波长与望远镜口径的比值决定的,EHT的有效分辨率将达到20微角秒。

利用广义相对论已对黑洞附近物质的行为建立了精致的理论模型。这些理论模型指出,黑洞会在围绕它的高温物质的辐射中投下一个阴影。阴影的形状和大小依赖于黑洞旋转的快慢、光线在黑洞附近被引力弯曲的程度,以及观测者所在的方位这3个因素。如果广义相对论在极强场情形下仍然正确,并且黑洞无毛定理成立,那么可以预言这个阴影总是近似为圆形,它是3个因素在广义相对论理论框架下的综合效应,而且阴影的尺寸大约为视界半径的5倍。在建设中的EHT已经具备了观测这个阴影的能力,如果将来观测到的阴影为圆形,那么广义相对论便得到了进一步确证。如果EHT观测到人马座 A* 存在一个视界,并且它的阴影的大小或形状与广义相对论的预言有偏差,那么这就违背了黑洞的无毛定理,从而也违背了广义相对论。

此外,通过监测人马座 A* 黑洞周围的恒星、中子星以及其他天体的轨道运动,可以为广义相对论的验证提供进一步的证据。因为黑洞的引力场非常强,上述天体的椭圆轨道的拱线会发生快速进动,以至于轨道上距黑洞的最远点会在几个轨道周期内沿圆形轨迹移动一周。同时,黑洞的强引力场将拖曳周围的时空,使得上述天体的轨道平面也发生进动。总而言之,存在着多种方法去验证在极强引力场下的广义相对论。

7. 还有未知在天外

波普尔(K. Popper)的著作《猜想与反驳》颇为我国知识界所熟悉,20世纪80年代出版了中译本。逻辑实证主义主张科学家通过归纳、反复的经验检验或观察,去证明一个理论。波普尔否定这个观

点，他认为即使以往的观察都证明某一理论是有效的，也无法保证下一次观察会给出同样的证明。所以波普尔认为，观察永远也不能证明一个理论，而只能证伪它。波普尔还把他的证伪原则扩展为一种哲学，并将其称为批判理性主义。当某一科学家提出一种设想，立刻就会有一批科学家试图用相反的论证或相反的实验证据推翻它。一些科学家尝试找到相反的观测证据来证伪广义相对论。

当广义相对论最坚定的支持者谈到暗物质、暗能量和γ射线暴时，也会变得小心翼翼起来，因为用现有的所有物理定律都难以对这几种现象作出解释。也许，暗物质、暗能量和γ射线暴已经显露了新时代物理学的曙光。

最近20年来，天文学家仔细地研究了银河系内恒星运动方式。恒星绕银心作缓慢的转动，太阳及其附近的恒星需2亿多年才转动一周。银河系的形状像一个盘子，银心附近聚集着大量的恒星，银盘里包含了更多的气体、尘埃以及一些恒星。如果套用**开普勒定律**，银盘外部恒星的运动速度应当比靠近银心的转得慢，但是观测结果并非如此，整个银盘内恒星的运动速度大致相同。所以，天文学家认为银河系中存在大量暗物质，它们中的大部分分布在银盘的外围，从而加快了这部分区域内恒星的运动速度。对星系团内全部星系运动状况的研究也得出暗物质存在的结论。对宇宙更大尺度结构的仔细研究进一步说明了其可能存在着暗物质。这种结构是以**星系团**和**超星系团**集结在一起的方式出现的。进一步考虑到宇宙的年龄在1秒到3分钟之间的核反应及其宇宙氢元素的丰度，暗物质必须以不参与核反应的形式存在。这就意味着暗物质应以中微子或类似于中微子的形式出现，它们不带电荷因而不受电磁力的影响。它们也不受强力的影响，只有引力和弱力才对它们起作用。物理学家为类中微子取了一个名字叫"**大质量弱相互作用粒子**"（Weakly interacting massive particles,简称 WIMPs）,在欧洲核子中心 LHC 对撞机的运行目标之一就是发现这些粒子。当然,在英语中 WIMP 还有一个意思——"懦夫"。如果暗物质以中微子的形式出现,那么我们就很难直接探测到它们,因为这样的暗物质与我们的探测器的相互作用太微弱了。我们所能做的一切就是在实验室里测定中微子的质量,并用计算机进行成团过程模拟,确定它们对发光物质成团应该起的作用。

在另一种可能的情况下,如果构成暗物质的是 WIMPs,那么事情就变得更值得关注了。欧洲和美国的几个实验组已经建造了地下探测器,希望能发现宇宙中的 WIMPs 之海。由于 WIMPs 很重,当它击中探测器晶体的一个原子核时,该粒子就会使这个原子核反弹,并由于能量的积聚而使晶体稍稍变热,于是记录下一个信号。我们希望在今后几年中看到这样一类实验的结果。一旦暗物质是何种类型物质被证实后,我们会惊讶巨大的星系团仅仅只是宇宙物质的一小部分。也许这种占据优势地位的暗物质,与组成我们自身的物质具有完全不同的性质。这又是一次哥白尼式的大变革,我们不但不在宇宙的中心,而且不由占据宇宙主导地位的那些物质所构成。

新近,天文观测结果使物理学家们相信,发光物质和暗物质加起来也不到宇宙物质总量的 1/3。宇宙物质的主要部分是一种无处不在的"**暗能量**",它具有一种令人惊讶的特性:它的万有引力不是吸引性的,而是排斥性的。这个排斥作用应当使宇宙的膨胀加快。1998 年,两个独立的研究组利用对遥远超新星的测量发现,宇宙膨胀正在加速,而且其加速的程度符合暗能量理论的预料。

在牛顿力学中,一个物体的引力强度只与其质量有关,引力总是吸引的。这也是把这个"万有"的力称为"引力"的由来。为此人们还不得不别扭地去说斥力型引力。事实上,爱因斯坦的理论允许存

在排斥性的引力,它使宇宙加速膨胀。在广义相对论中,引力源也与压强p有关。一些非常有弹性的物质(即负压强$p < -\rho/3$)可以产生排斥性的引力,而不是吸引性的引力。

然而,压强与能量密度强度能相互比拟的物质是非常奇特的,即使是在太阳中心,物质的压强也比它的能量密度小好几个量级。因为压强与能量密度之比取决于物质内部速度的平方除以光速,所以暗能量本质上必须是相对论性的,而且更像能量而不像物质。

量子力学为非常具有弹性的物质提供了一个候选者:填补在真空中的虚粒子对具有负压强,量子真空能是排斥的。从数学上讲,量子真空能等效于爱因斯坦的**宇宙学常数**。

尽管爱因斯坦曾将宇宙学常数作为他个人所犯的重大错误而抛弃,但是量子力学却使其成为必须要考虑的东西。遗憾的是,所有的量子理论都没有能够合理预言宇宙学常数的大小。零点能之和是发散的。而人为地在某个能标上截断求和(在该能标以上,可用物理学尚为一片空白来搪塞),则会更明白地揭示这个问题的复杂性:对于能量为100吉电子伏的截断,会有$\Omega_A=10^{55}$;对于普朗克标度的截断,则会有$\Omega_A=10^{120}$。在超对称理论中,费米子和玻色子的零点能贡献相互抵消,但是物理学家相信超对称是破缺的。对于超对称是破缺标度的截断,则会有$\Omega_A=10^{60}$。所以这一理论值与观测之间的抵触,是所有理论中最令人尴尬的事情。

暗能量除了具有负压强外还有什么性质呢?如何才能对它了解得更多呢?它的密度大约是临界能量密度的2/3,而且它的分布比物质的分布更加均匀。如果它结块,在研究星团以及其他束缚体系时,将会看到它的效应,但是人们没有发现这种效应。暗能量可以用它的**状态方程参数**,即压强与能量密度的比值$w = p/\rho$来表征。如果将汽车比喻成宇宙,$-w$的值就相当于汽缸的数量,从而决定宇宙的加

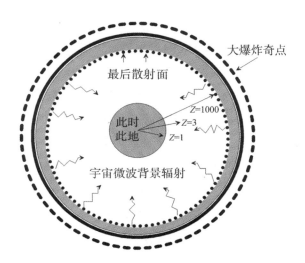

图2　由于光是以有限速度传播的,天文观测就相当于回溯历史,愈远的距离反映了愈早的历史。

速度有多大。12个汽缸比4个汽缸能使汽车更快地加速。我们观测到在物质占优期过后宇宙开始加速。"宇宙加速有多大"是一条线索,它将揭示暗能量是什么种类的物质。

　　当前宇宙学的重点任务之一是探测暗能量的特性,不同的暗能量模型导出的宇宙膨胀加速的程度也不同。对更远距离上的超新星更精确的测量有助于选择哪一种模型。科学家已经想到一些间接的方法,巧妙地用来测量暗能量的压强和密度,从而得到状态方程参数w。暗能量的排斥性引力会抵消常规物质的吸引性引力,所以暗能量对诸如星系团这样的大尺度结构的形成会产生阻碍作用。作为一个推论,通过测量星系团随时间的变化,就能推断出不同历史时期的暗能量强度的变化。星系团会使背景星系发出的光线产生偏折,发生引力透镜现象。通过偏折程度的大小,就可以推断出星系团的质量,而通过观测不同距离处星系团的引力透镜效应就能进一步推断出宇宙不同时期大质量星系团的分布。

此外，还可以通过观测宇宙膨胀速度的变化来测量暗能量的特性。通过观测不同距离处的天体并测量它的红移，就可以知道光从该天体出发以来，宇宙已经膨胀了多少。另一种方法通过测量**重子声学振荡**（Baryon Acoustic oscillations，简称BAO）来探索宇宙的膨胀史，BAO是宇宙中星系密度的波动振幅，是又一个好的距离标志物。

到目前为止，大多数的观测数据在$w=-1$附近，误差在十分之一内，也未发现暗能量随时间变化的迹象。普朗克卫星结合引力透镜的结果，表明w的值似乎比-1更小。**全景巡天望远镜和快速反应系统**（Panoramic Survey Telescope and Rapid Response System，简称PanSTARRS）的结果表明w要小于-1。新近针对类星体的BAO测量显示，暗能量密度可能是随时间增加的。

暗能量巡天（Dark Energy Survey，简称DES）项目已经在2013年启动，大型综合巡天望远镜（Large Synoptic Survey Telescope，简称LSST）预计在2021年投入运行，这些新项目将有助于揭示暗能量的本质，让我们在宇宙加速膨胀问题上得到进一步的理解，同时也帮助我们在证实或证伪广义相对论上取得进展。

与暗物质和暗能量的问题一样，γ射线暴必将迎来新世纪物理学的又一片曙光。在一天中，我们的太空大约会出现3次威力强大的γ射线脉冲，这种强大的辐射源在几秒或几分钟的时间内发射出的能量可能比太阳在其整个100亿年的生命史中发出的能量还多。γ射线来自何方？为何有如此巨大的能量？30多年来，这一直是物理学家所追寻的秘密。γ射线暴是在20世纪60年代末由美国国防部发射的Vela系列航天器在偶然中发现的。这些卫星是为冷战目的所设计的，用来刺探当时的苏联在外层空间（认为可能隐藏在月球背面）的秘密核爆炸。1973年这种新的天文现象被确认了。

这些最初的观测引起了理论家们种种猜测，认为γ射线暴起源于银河系内的中子星。1991年"亚特兰蒂斯号"航天飞机释放出BATSE卫星,这颗专门从事对宇宙中的爆发和瞬态源进行观察的卫星在一年内的观测推翻了所有的预期,大多数天体物理学家开始相信γ射线暴来自于大约30亿光年到100亿光年远处的宇宙。1997年5月夏威夷凯克望远镜Ⅱ拍摄到伴随一次γ射线暴的蓝色光辐射显示的暗线,这显然是由居间云块中的铁和镁引起的。这些吸收线的位移情况表明爆发源的距离超过70亿光年。目前,在$0.1<z\leqslant 8.1$的红移范围内,大量的γ射线暴已被观测到了。

迄今为止,关于γ射线暴的文章已经有好几千篇,但由于爆发时间短暂使其难以用很多仪器来观测,而得到的数据太少又导致众多理论的出现。目前多数理论工作者倾向于双中子星系统坍缩模型。这种双星系统坍缩时以辐射的形式释放引力能。结果,两颗彼此相向盘旋的中子星最终可能合并形成黑洞。这个模型的一些变种涉及一颗中子星和一颗普通恒星,或者一颗白矮星与一个黑洞碰撞。在两个中子星坍缩为黑洞之前,应释放多达10^{46}焦耳的能量。这一能量以中微子和反中微子的形式出现,而中微子和反中微子又以某种方式转化成γ射线。这样就需要有一系列的事件发生:中微子和反中微子碰撞产生电子和正电子,然后电子和正电子互相湮灭形成光子。令人遗憾的是,这些过程的反应截面很小,计算机模拟表明,它不可能产生足够多的光子。此外,双星坍缩也无法解释某些持续时间1100秒的爆发。理论家们仍然在积极地寻找解释γ射线暴的理论模型,现在很难预期何时能取得本质上的突破。但可以肯定的一点是,与暗物质和暗能量问题一样,γ射线暴为21世纪的物理学发展带来了希望。

在广义相对论诞生后的第18个年头,保加利亚出生的美籍天文学家兹威基(F. Zwicky)在研究后发(Coma)星系团过程中,发现星系在星系团中的旋转与爱因斯坦方程计算出的结果不相吻合。通过测量该星系团中心周围各个星系的运动,推算出它的质量要比用星系团亮度计算出的质量高了500倍。如果采用亮度计算的质量,那么依照观测到的星系转动速度,它们早就应该被星系团抛出去了。如何解释这一不合理的现象呢?有两种迥然不同的方式来摆脱面临的尴尬窘态。其一,扬弃广义相对论来解释星系为什么跳着失衡的舞步;其二,广义相对论是唯一正确的引力理论,所以人们必须假定存在一种难以捉摸的物质,这种物质不会对天体的亮度产生影响,但会对天体的运动形成制约。基于爱因斯坦的权威性,到20世纪70年代,第二种观点已被人们广为接受,并将这种物质命名为暗物质。

1975年,美国天文学家塔利(B. Tully)和费舍尔(R. Fisher)发现了一条经验定律:只要了解某个旋涡星系的亮度,就能推算出其恒星的运动速度。换句话说,只要知道星系中可见物质的质量而不是总质量,就能推算出恒星的运动速度。面对这条定律,奉广义相对论为圭臬的人并未感到惊慌,他们假定在旋涡星系中暗物质和可见物质总是以同样的方式分布,于是就避免了观测与理论中的冲突。自1994年开始,美国天文学家麦高(S. McGaugh)试图证明塔利—费舍尔定律仅仅符合旋涡星系的数据,而不能应用于其他类型的星系。经过10多年研究探索,麦高幡然醒悟,改弦更张,他指出不论是旋涡星系或者椭圆星系还是不规则星系,星系的总质量与星系所含恒星的速度4次方成正比。塔利—费舍尔定律对所有星系类型都是成立的!

麦克的观测结果与暗物质不兼容。根据基于广义相对论的宇宙标准模型,星系形成过程是极其复杂的。粗略地说,星系形成之初时空中充满着暗物质和可见物质,而由量子扰动演化而来的扰动使暗物质汇聚成暗晕,暗晕将可见物质吸引过来并进一步旋转压缩成为星系。这样看来,就应当存在可见物质浸润在暗晕中的较小星系,也应当存在由薄的暗物质云包裹着的较大星系。况且,我们所看到的星系拥有不同历史,又是形态各异,凭什么它们都得符合同一条定律?塔利—费舍尔定律如此行之有效,绝不会是偶然的巧合。

疑云已诺上心头。"诺"者决定重新审视广义相对论并抛弃暗物质这一辅助概念。"已"者仍然视广义相对论为圭臬,他们认为只要深化暗物质的细节就能解释星系中恒星的奇异运动。是"诺"还是"已",欧洲核子研究中心(CERN)的大型强子对撞机(LHC)是一块试金石。经过30多年的努力,各种暗物质粒子探测器仍然徒劳无功,人们便将希望寄托在LHC上。然而,尽管LHC的对撞能量不断增加,迄今仍未发现扮演暗物质角色的超对称粒子。虽然暗物质领域的专家们不愿承认自己所处的窘境,但他们确实有些焦躁了。在不久的将来,他们也许会用另一种候选者来替代超对称粒子,或者

　　图3　庄子新说。南海的帝王名叫儵,北海的帝王名叫忽,中央的帝王名叫浑沌。儵和忽常到浑沌那里去玩,浑沌待他们很好。儵和忽为了报答浑沌,两人商量道"人皆有七窍,以视听食息,此独无有,尝试凿之。"儵和忽每日替浑沌开一窍,7天后,浑沌死了。兹威基在1933年创暗物质一说,原意在于不可见。近30年来,科学家建了大量探测暗物质的设施,迄今未能发现暗物质迹象,很可能是儵忽之为了。

干脆放弃这样的探测。

8. 路漫漫其修远兮

当你正在阅读这篇文章时，插在你耳中的iPod耳机里正播放着康定情歌；当你面对暗物质是否存在的论证与反论证时，正打算让自己稍微定下神进行思索的那一刻，口袋里的手机响了起来，一条短信顷刻让你的注意力转移。美国当代作家卡尔（N. Carr）将此称为"浅陋"（Shallow），网络鼓励人们蜻蜓点水般地从多种信息来源中广泛采集碎片化的信息，许多人为此丧失了专注、沉思和反省的能力。网络时代的浮躁，也或多或少地影响到了引力研究领域。

20多年前，粒子物理学与天体物理学领域率先开放了观测数据和研究论文，在arXiv网站上可以发布未经同行评议的论文。在2014年度，就大约有10万篇论文提交到arXiv网站发布，未经同行评议的论文不仅可能会增加一些没有意义的结果，还会干扰理论物理学家的工作。误导性的新闻报导又常常将这些未加论证的结论广泛传播。作为一个典型例子，随着今年3月8号arXiv上的一篇论文发布，作者所在的大学立即发布了新闻报导。新闻稿说，在银河系附近发现的富含暗物质的矮星系里，发现了γ射线存在的信号，这符合暗物质粒子湮灭时产生高能辐射的事实。虽然该文作者承认，光子只是噪声水平的3—4倍，结果并不十分确定。整篇新闻报导却暗示了这是一个激动人心的发现！不久以后，论文作者使用了升级版的分析软件，提高了灵敏度后，他们明白了在费米γ射线卫星大面积望远镜（LAT）照片分析中得到的只是噪声，而不是暗物质的证据。此外，当数据开放以后，误用数据的风险也在增加。观测数据通过复杂的算法和校准过程，转化成所有理论物理学家原则上都可使用的量化数值，但是只有设备的建造者才具备降低噪声影响的技能。

即使经过同行评议,并发表在诸如美国物理评论快报这样的权威性学术刊物上的论文,也仍然难以避免网络时代的影响。一个著名的例子是2014年的原初引力波证据的研究报告。研究证据来自位于南极的**第二代宇宙泛星系偏振背景成像微波望远镜**(BICEP2),证据表明存在旋涡状的偏振模式。在粒子物理学领域,新发现成立的阈值通常为5σ:如果一个信号是平均噪声水平的5倍以上,那么这一结果是随机噪声的概率大约为3.5×10^6分之一,BI-CEP2的信号本身不存在任何问题,检测标准达到了7σ,问题的关键在于信号究竟是不是来自原初的宇宙,银河系中的尘埃也会辐射出这种偏振模式。普朗克卫星在9个频率上收集全空间的微波背景辐射,研究表明与BICEP2团队的结果不一致。最终,BICEP2和普朗克卫星的研究人员合作得到了可靠的结果,原初引力波仍然处在薛定谔猫的状态,没有得到确认。人们不禁要问,为何不在文章正式发表之前两者就携手合作?

欲速则不达,要超越爱因斯坦绝非一日之功。力戒浮躁浅露,在喧嚣的网络时代尤为重要。路漫漫其修远兮,证实或证伪广义相对论的引力学家们仍需上下而求索。

9. 修正广义相对论的探索

爱因斯坦方程中,本就含有时空拉伸项,并能简单地归结为宇宙学常数项。尽管人们尚不能解释宇宙学常数为什么这样小,但是爱因斯坦理论已能解释宇宙正在加速膨胀的观测事实。与此不同的是,为了解释塔利—费舍尔定律却要大费周章,能不能放弃暗物质假设,改弦更张呢?事实上,以色列天体物理学家米尔格鲁姆(M. Milgrom)早在麦高的发现之前10多年就放弃了暗物质假设,提出了一种新理论。米尔格鲁姆称新理论为修正牛顿动力学(MOND)理论。在MOND理论中,物体之间的吸引力不再像牛顿及爱因斯坦所预言的那样随物体间距离的平方而降低。当加速度低于10^{-10}米/秒^{2}时,引力减小的速度就要小得多,所以星系边缘的引力要比爱因斯坦理论所得的大,这就使得塔利—费舍尔定律得到解释。

牛顿在致胡克(R. Hooke)的信中说,"如果说我看得比别人更远,那是因为我站在了巨人的肩上。"科学乃至整个文明是累积前进的,它的每次超越都建立在已有的成果之上。谁站在巨人的肩膀上,谁就能看得更远。历史的经验告诉我们,超越前人的牛顿如此,超越牛顿的爱因斯坦也是如此。要超越爱因斯坦,就必须继承和发扬广义相对论的优美之处。MOND理论确实是改弦更张,但米尔格鲁姆没有站上爱因斯坦的肩头。MOND理论没有继承广义相对论的优美之处,它只是一种唯象的理论,不具备协变性这个起码的要求。2004年,贝肯斯坦(J. Bekenstein)提出了**张量—矢量—标量理论**(TeVeS),这是一个协变的MOND理论。尽管贝肯斯坦曾因建议黑洞具有熵而享誉学术界,但他的TeVeS没有通过检验。利用TeVeS进行的星系运动的数值模拟中,星系运动得过快,好像星系团缺失了一半质量,历史真会开玩笑,人们仿佛又回到了兹威基引入暗物质概念的1933年。

不论是牛顿还是爱因斯坦,他们的理论体系都包含着深层次的哲学内涵。绝大多数的当代物理学家不再理会这些隐藏在深处的哲学思辨,只是运用已有的物理学定律,埋头去制造各种激光器、超导体和计算设备,从而博得包括政治家在内的各个阶层的喝彩。我们不应苛求科学家,他们并非人人是圣贤。科学家需要通过竞争获得职位、资助、职业指标(比如h指数)和奖项,所以他们往往会急于求成,难以十年磨一剑。然而,少数引力学家是个例外,他们回到笛卡尔哲学沉思的范式上振聋发聩地发问:爱因斯坦的广义相对论在理论与观测两方面都是不二的理论吗?

事实上,德国数学家外尔(H. Weyl)早在1918年就提出了他的**规范不变几何理论**,为了超越广义相对论,外尔的出发点是将引力和电磁力同时纳入时空流形的单一几何结构中。众所周知,在广义相对论中,矢量的长度总是可积的,而只有在无引力场的时空区域,矢量的平行移动才是可积的。在外尔理论中,矢量长度不可积性将预言一些新的效应。例如,沿不同路径移动的全同时钟,由于电磁场的贡献,当它们重新会合时,它们显示走得并不一样快。利用近代的穆斯堡尔效应技术,可以证明外尔预言的效应非常小。在外尔理论的时代,观测技术不具备看到谱线红移的能力,爱因斯坦将此作为批判外尔理论的有力武器。鉴于这个原因,外尔理论很快就被舍弃了。此后,修正广义相对论的研究层出不穷。早期包括卡卢扎(T. Kaluza)用芬斯勒(P. Findler)几何,薛定谔(E. Schrodinger)用非对称度规,泡利(W. Pauli)和费尔兹(M. Fierz)用**有质量引力理论**来修正广义相对论。惠勒将时空中的**虫洞**看作荷电粒子的一种模型,取名为**几何动力学**。依此看来,几何便是一切。引力场、电磁场和其他的场无非是度规产生的某种畸变,粒子的质量和电荷与时空的拓扑形态有关。然而。迄今为止这仍是一种方案,而不是一种完整的理论。布兰斯(C. Brans)和迪克(R. H. Dicke)提出了一种修正理论,使引力理论与马赫原理相一致。这种标量—张量理论有一个使人不满意的地方,那就是标量场缺少明显的几何意义。到了21世纪,引力学家又提出了$f(R)$和$f(T)$理论修正广义相对论,这里的R和T分别是几何空间的曲率标量和挠率标量。然而,上述所有理论,或者在理论上或者在观测上存在着一些问题,均未成为超越广义相对论的候选者。

10. 有质量引力理论

广义相对论是一种顿悟式的飞跃,爱因斯坦从等价原理和广义协变原理出发得到了被称为广义相对论的时空动力学。如果没有爱因斯坦天才的直觉和多年的艰难探索,人类是否仍然能发现广义相对论?答案是肯定的,不过这样的发现要等到数十年之后,并且以不同的方式来发现。20世纪40年代后,物理学家对场论有了充分的认识:传播长程力必须是无质量的玻色子场,它可以用螺旋度$h=0,1,2,\cdots$来表征。对于$h=0$的标量场,存在着多种洛伦兹不变的自相互作用。对于$h=1$的矢量场,为了得到洛伦兹不变性与局域的相互作用,它们必须带有一种规范不变性。如果规范对称群选为U(1)×SU(2)×SU(3),这些矢量场可以描写电磁力,弱核力和强核力。对于$h=2$的张量场,所要求的规范对称性就是线性化的广义坐标不变性。进一步可从自洽的相互作用要求本质上唯一地推导出广义相对论,而这个理论是广义协变的,并且等效原理成立。然而,由于在$h\geqslant3$时不存在自洽的相互作用,所以并不存在$h\geqslant3$的玻色子场所对应的物理相互作用。从$h=2$的张量场出发重新发现广义相对论的道路,不是顿悟式的而是循序前进式的。它从狭义相对论原理出发,即用洛伦兹对称性对有质量粒子和场用自旋分类,对无质量粒子和场用螺旋度分类,最终得到可能的相互作用。这是一条与爱因斯坦截然不同的道路。爱因斯坦采用了等效原理和广义协变两个假设,得出了广义相对论,但它们不能唯一确定广义相对论。从这个角度看,爱因斯坦的顿悟式飞跃,在逻辑上存在着缝隙。我们以电动力学为例来阐述自洽的相互作用这一要求所带来的规范不变性。

在量子场论中,荷电粒子是由场来描述的,而这种场在时空中的每一点有两个数:场的振幅和相位。振幅度量在某一点粒子出现的概率,相位描写粒子的波动性。在场中所有点的相移都相同时,像一组荷电粒子总能量那样的可观测量保持不变。于是，场在相位变换时就具有整体对称性。局部对称性要求当相位在每一点都可以独立变化时，可观测量也不变。要满足局部对称性，就必须引进作为规范场的电磁场，这种场的量子就是产生电磁力的光子。如果仅要求相位整体对称性的话，带电粒子之间就没有了电磁力，没有光子，也就没有了光。用群论语言来说，$h=1$ 的电磁场起源于 U(1) 局域对称性，它在规范群 U(1) 下是协变的。人们常说 U(1) 规范对称性对电动力学是基本的，不过更确切的说法是，仅当要求线性地实现洛伦兹不变性和局域性时，在电动力学中必须引进 U(1) 规范对称性。取一个固定规范（等价减去了规范对称性引起的自由度）将不改变物理学，而付出的代价是洛伦兹不变性和局域性不再显而易见。

1957 年，斯图克尔伯格（E. C. G. Stückelberg）创造了一种技巧，该技巧从一个没有规范对称性的物理系统出发，引入多余的场变量

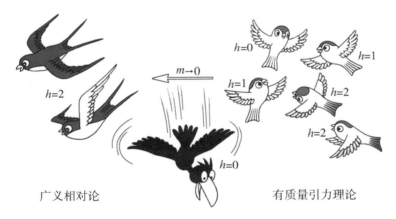

广义相对论　　　　　　　　　　　有质量引力理论

图 4　dRGT 理论的有质量引力子有 5 个传播自由度，而广义相对论只有 2 个螺旋度 $h=2$ 的传播自由度。增加的自由度是 2 个 $h=1$ 模和 1 个 $h=0$ 模。另一个 $h=0$ 模对应于 BD 鬼，一个自洽的理论必须避免 BD 鬼出现。在泡利—费尔兹理论中，必定会出现 vDVZ 不连续性：当质量 m 趋近于 0 时，理论回不到广义相对论的结果。在 dRGT 理论中，利用范因斯坦机制可以克服这个困难。业已证明，含有 2 个任意参数的dRGT 理论是非线性无鬼的有质量引力理论的唯一选择。

208

而使原系统具有规范对称性。于是,我们能使任何理论引入多余的变量而变成规范理论。举一个最简单的例子,如果在电磁理论中引入光子的质量项 $(1/2)m^2A_\mu A^\mu$,它将破坏 U(1) 对称性,所以有质量光子不是一个规范理论。然而,可以通过引入一个新的标量场 φ,并将质量项改写成 $(1/2)m^2(A_\mu+\partial_\mu\varphi)^2$,那么改写后的系统便具有了规范对称性。$\varphi$ 被称作斯图克尔伯格场,而新的系统满足规范对称性 $\delta A_\mu=\partial_\mu\Lambda$,$\delta\varphi=-\Lambda$。这样的系统确实描写了有质量自旋为 1 的粒子的 3 个自由度。类似地,如果引力子引入质量项的话,也将破坏广义相对论的规范对称性(广义坐标微分同胚不变性),即广义协变性。但是,我们利用斯图克尔伯格技巧,总能使任何作用量在广义坐标微分同胚群下是不变的。由此,我们明白无误地得到结论:广义协变性不能确定广义相对论的特性。

同样,等效原理也不能唯一确定广义相对论。例如,被称作爱因斯坦—福克理论就是一种嵌入了等效原理的引力的相对论性理论。这样一个理论也解决了爱因斯坦思想实验所考虑到的问题,它提供了符合狭义相对性原理的普适吸引力,在非相对论极限下约化到牛顿引力,并且满足等价原理。通过使用斯图克尔伯格技巧,还可以使理论变成是广义协变的。

广义相对论根本的原理不是广义协变性,也不是等效原理!广义相对论是螺旋度为 2 的无质量粒子的非平庸相互作用理论。其他的性质是这个论述的推论,而不能将因果颠倒。沿着这样的思路,首先想到的是,没有任何理由禁止引力子具有质量。历史上,费尔兹和泡利在 1939 年最先写下了描写有质量引力子的作用量,现代文献将它称为 FP 线性理论。当 FP 线性理论中的质量参数 $m=0$ 时,它就约化到线性化的爱因斯坦—希尔伯特理论,后者描述了具有规范对称性的螺旋度 2 的引力子。然而,1970 年范达姆(H. Van Dam)、韦尔特曼(M. J. G. Veltman)和扎哈罗夫(V. I. Zakharov)同时分别发现了FP线性理论破坏了物理学的连续性原理,被称作为 vDVZ **不连续性**。在 $m \to 0$ 的极限中,FP线性理论预言的光线弯曲比广义相对论预言的少了 1/4,这显然是不自洽的。发生vDVZ不连续性的原因很简单,有质量引力子有5个自由度,在无质量极限下,其中2个变成了无质量引力子的螺旋态,2个变成了无质量矢量粒子的螺旋态和单个无质量标量。这个标量实质上是纵向引力子,在无质量极限下它维持了对物质源的耦合。这就是说,无质量极限不是无质量引力子,而是无质量引力子加上一个耦合着的标量,正是这个标量导致了vDVZ不连续性。

显而易见,FP线性理论不是一个完善的物理理论,线性理论不过是完备的耦合到物质粒子的非线性理论的出发点。1972年,魏因施泰因(A. I. Vainshtein)发现,当引力子质量减少,理论的非线性就会变强。存在着一个被称为魏因施泰因半径 r_v 的长度标度,在 $r \lesssim r_v$ 时,非线性效应开始占优,而线性理论不再是可信的。当 $m \to 0$,魏因施泰因半径趋向无穷大,所以线性近似是不可信赖的。紧接着,博尔韦尔(D. G. Boulware)和德塞(S. Deser)研究了一种特殊的非线性有质量引力,他们发现该理论是不稳定的。FP线性理论有5个自由度,非线性理论却有6个自由度,作为一个标量场的额外的自由度具有坏的动能项符号,这被称作BD**鬼**。BD鬼是产生不稳定性的本质原因。

自从1998年发现宇宙加速以来,天体物理学家引入了宇宙学常数和暗能量场两种方法来解释这种现象。但是,这两种方法都不是令人满意的。以宇宙学常数为例,它预言的暗能量强度远远超过了观测所需要的实际值。如果简单地把所有与真空中正反虚粒子相关的量子态的能量简单相加,得到的结果要比宇宙学常数大上120

个数量级。如果将暗能量看作一个场,并假设与暗能量场相关的势能最低点很小,这样就保证了空间只蕴藏了低密度的暗能量。但是,除了排斥性的引力作用之外,必须要求暗能量场与其他物质的相互作用极为微弱。所以,暗能量场很难自然地整合到现有的粒子物理模型中去。基于上述理由,激励物理学家猜测广义相对论不仅在紫外是不完备的,在红外也是不完备的,极有可能在极大尺度下,引力定律会偏离广义相对论。最近10多年来,修正引力理论吸引了众多的理论物理学家,大量的理论涌现了出来,其中最为世人瞩目的就是有质量引力理论。

在21世纪初,物理学家先发展了洛伦兹破缺的有质量理论。这些理论避免了vDVZ不连续性和BD鬼。同时在理论的唯象应用上也取得了一系列的成功,美中不足的是理论的斯图克尔伯格场是洛伦兹对称破缺的。

实质性的突破是在新近由德拉姆(C. de Rham)、加巴达兹(G. Gabadadge)和托利(A. J. Tolley)取得的,他们克服了泡利—费尔兹线性理论和它的非线性扩充理论的内在困难,提出了一种全新的有质量引力理论,学术界将其称为dRGT理论。从有质量引力理论问世以来,有两个难以逾越的困难。首先,不管引力子的质量有多小,它以5个自由度传播,而广义相对论中的引力子是无质量引力子,仅有2个自由度传播。这是所谓vDVZ不连续性佯谬的根源。**魏因施泰因机制**解答了这个疑难,在无质量极限时,额外自由度被非线性的自相互作用所屏蔽。其次,非线性的有质量引力理论会出现BD鬼,这将使理论是不稳定的。dRGT理论在所有微扰阶上避免了鬼的出现。除此以外,dRGT理论像广义相对论一样,它们都具有非线性微分同胚不变性。换句话说,dRGT理论继承了爱因斯坦理论的优美之处。在观测上,引力子质量被限定在10^{-30}—10^{-33}电子伏范围,这使得dRGT理论与现有的观测相符,又留下了新的观测窗口。有质量引力理论预言了有黑洞存在,不久将来的EHT黑洞观测中,也许人们就能得到究竟是广义相对论还是有质量引力理论真实地描述了我们所处的宇宙。

在广义相对论发布100周年之后谈它的意义,也许最重要的意义就是广义相对论告诉我们,科学是没有止境的。尽管何时何人超越广义相对论,我们仍无确切的答案,但是,学无射,问无穷,科学没有终点,广义相对论必将会被超越!

参考文献

［1］C. de Rham. Massive gravity. *Living Rev. Relativity*, 17(2014), 7

［2］A. McGaugh. A novel test of the modified Newtonian dynamics with gas rich galaxies. *Phys. Rev. Lett.*, 106(2011), 121303

［3］A. McGaugh. Challenges for Lambda–CDM and MOND. *J. Phys. Conf. Ser.*, 143(2013), 012001

［4］F. Zwicky. (1937) ApJ, 86, 217

［5］H. Weyl. Space–Time–Matter. Dover, New York, 1950

［6］H. Zhang and X. Z. Li. MOND cosmology from entropic force. *Phys. Lett. B*, 715(2012), 15

［7］C. J. Feng and X. Z. Li. Probing the expansion history of the Universe by model–independent reconstruction from supernovae and gamma–ray burst measurements. *Astrophys. J.*, 821(2016), 30

［8］C. J. Feng, F. F. Ge, X. Z. Li, et al. Towards realistic f(T) models with non-minimal torsion–matter coupling extension. *Phys. Rev. D*, 92(2015), 104038

［9］P. Li, X. Z. Li and P. Xi. Black hole solutions in de Rham–Gabadadze–Tolley massive gravity. *Phys. Rev. D*, 93(2016), 064040

［10］P. Li, X. Z. Li and P. Xi. Analytical expression for a class of spherically symmetric solutions in Lorentz breaking massive gravity. *Class. Quantum Grav.*, 33 (2016)

图书在版编目(CIP)数据

相对论的意义/(美)爱因斯坦(Einstein,A.)著;郝建纲,
刘道军译.—上海:上海科技教育出版社,2016.6
(爱因斯坦书系)
书名原文:The Meaning of Relativity
ISBN 978-7-5428-6144-3

Ⅰ.①相… Ⅱ.①爱…②郝…③刘… Ⅲ.①相对论—
研究 Ⅳ.①O412.1

中国版本图书馆CIP数据核字(2016)第058908号

责任编辑 郑华秀 王 洋
装帧设计 杨 静

爱因斯坦书系
相对论的意义
[美]阿尔伯特·爱因斯坦 著
郝建纲 刘道军 译
李新洲 审校

出 版 上海世纪出版股份有限公司
　　　　上 海 科 技 教 育 出 版 社
　　　　(上海冠生园路393号 邮政编码200235)
发 行 上海世纪出版股份有限公司发行中心
网 址 www.ewen.co www.sste.com
印 刷 常熟文化印刷有限公司
开 本 720×1000 1/16
印 张 14.5
版 次 2016年6月第1版
印 次 2016年6月第1次印刷
书 号 ISBN 978-7-5428-6144-3/N·972
图 字 09-2014-347号
定 价 36.00元